高等学校实验课系列教材

大学物理实验

（第2版）

DAXUE　WULI　SHIYAN

EXPERIMENTATION

●主　编　柳　青　徐　敏
●副主编　滑亚文

重庆大学出版社

内容提要

本书根据教育部高等学校物理学与天文学教学指导委员会物理基础课程教学指导分委会编制的《理工科类大学物理实验课程教学基本要求》(2010 年版),结合近年来的实验教学经验,在原有大学物理实验教材的基础上修订而成。全书共 3 章,第 1 章绪论;第 2 章介绍测量误差和不确定度及实验数据处理的基础知识;第 3 章包括 15 个实验项目,主要涉及力学、电磁学、光学等方面。每个实验包括实验目的、实验仪器、实验原理、实验内容与步骤、注意事项、思考题等内容。附录为物理常数及常用物理量的附表。

本书可作为高等院校理工科各专业的物理实验教科书,也可供其他专业选用或工程技术人员参考。

图书在版编目(CIP)数据

大学物理实验 / 柳青,徐敏主编. -- 2 版. -- 重庆:
重庆大学出版社,2023.9
高等学校实验课系列教材
ISBN 978-7-5689-3792-4

Ⅰ.①大… Ⅱ.①柳…②徐… Ⅲ.①物理学—实验
—高等学校—教材 Ⅳ.①O4-33

中国国家版本馆 CIP 数据核字(2023)第 159129 号

大学物理实验(第 2 版)

主 编 柳 青 徐 敏
副主编 滑亚文
责任编辑:范 琪 版式设计:范 琪
责任校对:王 倩 责任印制:张 策

*

重庆大学出版社出版发行
出版人:陈晓阳
社址:重庆市沙坪坝区大学城西路 21 号
邮编:401331
电话:(023) 88617190 88617185(中小学)
传真:(023) 88617186 88617166
网址:http://www.cqup.com.cn
邮箱:fxk@ cqup.com.cn(营销中心)
全国新华书店经销
重庆市正前方彩色印刷有限公司印刷

*

开本:787mm×1092mm 1/16 印张:9.25 字数:234 千
2020 年 1 月第 1 版 2023 年 9 月第 2 版 2023 年 9 月第 4 次印刷
印数:6 101—8 100
ISBN 978-7-5689-3792-4 定价:32.00 元

前言
（第 2 版）

　　本书是根据教育部高等学校物理学与天文学教学指导委员会物理基础课程教学指导分委会编制的《理工科类大学物理实验课程教学基本要求》(2010 年版)，结合近年来的实验教学经验，在原有大学物理实验教材的基础上编写而成。

　　全书共 3 章，第 1 章为绪论；第 2 章介绍测量误差和不确定度及实验数据处理的基础知识；第 3 章包括 15 个实验项目，主要涉及力学、电磁学、光学等方面。每个实验包括实验目的、实验仪器、实验原理、实验内容与步骤、注意事项、思考题等内容。附录为物理常数及常用物理量的附表。

　　本书从培养新世纪创新人才的目标出发，紧密结合我校学生的实际情况，使实验教学体系更加切合实际，教材内容与现有设备配合更加紧密，使物理实验教学更加富有成效。

　　本书是在多年使用自编教材的基础上，结合教学中的实际情况编写而成的。实验项目包括基础验证性实验、综合设计性实验和拓展创新性实验，其比例设置恰当，并适当增加综合设计性实验内容，以激发学生学习大学物理实验的兴趣，进而培养学生乐于思考、勤于钻研、勇于创新的科学精神。

　　本书凝聚着许多教师的智慧和辛勤劳动，由柳青、徐敏统稿并任主编，滑亚文任副主编。本书不仅包含了西南民族大学近 20 年物理实验教学实践的积累，还吸收了兄弟院校的优秀成果，展示了我们对物理实验教学新的尝试。

　　由于编者水平所限，书中难免会有不足之处，谨请各位读者不吝赐教，以便我们改进！

编　者

2023 年 5 月

目录

第 1 章
绪 论

1.1　物理实验课的作用、目的和地位

　　物理学是研究物质一般运动规律及物质基本结构的科学,它必须以客观事实为基础,也必须依靠观察和实验(实践)。归根结底物理学是一门实验科学,无论物理概念的建立还是物理规律的发现都必须以严格的科学实验为基础,并通过今后的科学实验来证实。物理实验是科学实验的先驱,体现了大多数科学实验的共性,在实验思想、实验方法以及实验手段等方面是各学科科学实验的基础。物理实验在物理学的发展过程中起着重要和直接的作用。

　　实验物理的思想、方法、技术和装置常常是自然科学研究和工程技术发展的新起点。而高新技术的发展,又不断推动着实验物理研究的手段、方法和装备的发展,大大改变着人类对物质世界认识的深度和广度。

　　物理实验课是针对高等理工科院校学生进行科学实验基本训练而开设的一门独立的必修基础课程,是对学生进行科学实验训练的重要基础。

　　物理实验课覆盖面广,具有丰富的实验思想、方法和手段,同时能提供综合性很强的基本实验技能训练,是培养学生科学实验能力、提高科学素质的重要基础。这在培养学生严谨治学态度、活跃创新意识、理论联系实际和适应科技发展的综合应用能力等方面具有其他实践类课程不可替代的作用。

　　为了适应 21 世纪科学技术更为迅猛发展的需要,高等理工科院校培养的新世纪人才必须具备坚实的物理基础、过硬的科学实验能力和勇于开拓的创新精神。物理实验课程在培养学生这些基本素质和能力方面,具有不可替代的重要作用。

1.2　物理实验课程的基本要求

本课程的基本要求如下:
①掌握测量误差的基本知识,具有正确处理实验数据的基本能力。

a. 掌握测量误差与不确定度的基本概念,能逐步学会用不确定度对直接测量和间接测量的结果进行评估。

b. 学会处理实验数据的一些常用方法,包括列表法、作图法、逐差法和最小二乘法等。随着计算机及其应用技术的普及,还应包括用计算机通用软件处理实验数据的基本方法。

②掌握基本物理量的测量方法。

例如:长度、质量、时间、热量、温度、湿度、压强、压力、电流、电压、电阻、磁感应强度、光强、折射率、电子电荷、普朗克常数、里德堡常数等常用物理量及物性参数的测量,注意加强数字化测量技术和计算技术在物理实验教学中的应用。

③了解常用的物理实验方法,并逐步学会使用。

例如:比较法、转换法、放大法、模拟法、补偿法、平衡法和干涉、衍射法,以及在近代科学研究和工程技术中广泛应用的其他方法。

④掌握实验室常用仪器的性能,并能正确使用。

例如:长度测量仪器、计时仪器、通用示波器、分光计、低频信号发生器、常用电源和光源等仪器。

⑤掌握常用的实验操作技术。

例如:零位调整、光路的共轴调整、根据给定的电路图正确接线、简单的电路故障检查和排除,以及在近代科学研究和工程技术中广泛应用的仪器的正确调节。

1.3　物理实验教学的基本环节

物理实验教学一般可分为实验预习、实验操作与数据记录、完成实验报告3个环节。

(1)实验预习

实验前要做好预习。预习时,主要阅读实验教材,了解实验目的,清楚实验内容,要测量什么量,使用什么方法,实验的理论依据(原理)是什么,使用什么仪器,其仪器性能是什么,如何使用,操作要点及注意事项等。在此基础上,回答好思考题,草拟出操作步骤,设计好数据记录表格。

只有在充分了解实验内容的基础上,才能在实验操作中有目的地观察实验现象,思考问题,减少操作中的忙乱现象,提高学习的主动性。因此,每次实验前,学生必须完成规定的预习内容,一般情况下,教师要检查学生的预习情况,并评定预习成绩,没有预习的学生不许做实验。

(2)实验操作与数据记录

实验操作是整个实验教学中非常重要的环节,动手能力、分析问题和解决问题等能力的培养主要在具体的实验操作中完成。在这个环节中,一般先由指导教师作重点讲解说明有关注意事项,简明扼要地讲授内容,具有指导性和启发性,学生要结合自己的预习逐一领会,特别要注意那些在操作中容易引起失误的地方。

1)实验操作中的注意事项

①掌握本次实验的基本知识、基本实验方法和基本技能。

②先观察后测量、先粗测后精测。

③有严肃的工作态度、严格要求自己、严密观测实验动态。

④遵守实验室各项规章制度。

2）实验数据记录中的注意事项

实验数据记录是计算和分析问题的重要依据和宝贵资料，因此实验者应注意：

①测量的原始数据要整齐地记录在自己设计的数据记录表格中。原始数据是指从仪器上直接读出的数据。

②记录的内容应包括日期、时间、地点、合作者、室温、气压、仪器、简图等。

③实验的原始数据必须由实验老师审核签字才能有效。

（3）实验报告

实验报告是对实验工作的总结，也是交流实验经验、推广实验成果的平台。学会写实验报告是培养实验能力的一个方面。写实验报告要用简明的形式将实验结果完整、准确地表达出来，要求文字通顺，字迹端正，图表规范，结果正确，讨论认真。实验报告要求在课后独立完成。用学校统一印制的"实验报告纸"来书写。

实验报告通常包括以下内容：

①实验项目：表示做什么实验。

②实验目的：说明为什么做这个实验，做该实验要达到什么目的。

③实验仪器：包括主要仪器名称、规格、编号。

④实验原理：实验设计的依据和思路，包含物理规律、公式等。

⑤实验内容与步骤：实验过程，要求简明扼要。

⑥实验数据及结果分析：原始数据记录、数据处理、作图、误差分析（有些实验可不做误差分析）。根据实验目的对实验结果进行计算或作图表示，并对测量结果进行评定，计算不确定度，计算要写出主要的计算内容，要保留计算过程，以便检查。最后清楚地写出实验结论。

⑦实验心得：讨论实验中观察到的异常现象及其可能的解释，分析实验误差的主要来源，对实验仪器的选择和实验方法的改进提出建议，简述自己做实验的心得体会，回答实验思考题。

第 **2** 章
测量误差和不确定度及实验数据处理

科学研究、产品制造、物质生活、物资流通与质量管理等都离不开测量,测量涉及人类活动的一切领域。在物理学发展史上,对物理现象、状态或过程的各种量的准确测量,是物理实验的关键工作。

在物理实验中,不仅要明确测量对象,选择恰当的测量方法,正确完成测量的各个步骤,还要学习误差理论和实验数据处理的基本概念,能够对多数测量表示出完整的测量结果,包括最佳估值和不确定度。

2.1　测量与误差

2.1.1　测量

(1)测量的含义

测量是以确定被测对象量值为目的的全部操作,也是物理实验的基础。量值一般是由一个数乘以计量单位所表示的特定量的大小。或者说,测量就是将待测物理量与选作计量标准的同类物理量进行比较,得出其倍数的过程。倍数值称为待测物理量的数值,选作的计量标准称为单位。可测量的量是"现象、物体或物质的可以定性区别和定量确定的属性",在基础物理实验中所测量的基本上都是物理量。

(2)测量的分类

①根据获得测量结果的不同方法,测量分为直接测量和间接测量。

a. 直接测量:指无须对被测的量与其他实测的量进行函数关系的辅助计算而可直接得到被测量值的测量。例如,用米尺测长度,用温度计测量温度,用电压表测电压,用天平测物体的质量等都属于直接测量。

b. 间接测量:指利用直接测量的量与被测量之间的已知函数关系经过计算从而得到被测量值的测量。例如,测量物体的密度时先测出物体的体积和质量,再用公式计算出物体的密度。

②根据测量条件的不同,测量分为等精度测量和非等精度测量。

　　a. 等精度测量:指同一个人,用同样的方法,使用同样的仪器并在相同的条件下对同一物理量进行的多次测量。应注意的是多次测量必须是重复进行测量的整个操作过程,而不仅仅为重复读数。

　　b. 非等精度测量:指在对某一物理量进行多次测量时,测量条件完全不同或部分不同,则各次测量结果的可靠程度自然也不同的一系列测量。

　　事实上,在实验中保持测量条件完全相同的多次测量是极其困难的。但当某一条件的变化对结果影响不大时,仍可视这种测量为等精度测量。等精度的误差分析和数据处理比较容易,所以绝大多数物理实验都采用等精度测量。本书所介绍的误差和数据处理知识都是针对等精度测量的。

　　③根据被测量对象在测量过程中所处的状态,测量分为静态测量和动态测量。

(3)测量仪器

　　测量仪器是进行测量的必要工具。熟悉仪器性能、掌握仪器的使用方法及正确进行读数,是每个测量者必备的基础知识。下面简单介绍仪器精密度、准确度和量程等基本概念。

　　①仪器精密度:指与仪器的最小分度相当的物理量。仪器的最小分度越小,所测量物理量的位数就越多,仪器精密度就越高。对测量读数最小一位的取值,一般来讲应在仪器最小分度范围内再进行估计读出一位数字。如具有毫米分度的米尺,其精密度为 1 mm,应该估计读出到毫米的十分位;螺旋测微器的精密度为 0.01 mm,应该估计读出到毫米的千分位。

　　②仪器准确度:指仪器测量读数的可靠程度。它一般标在仪器上或写在仪器说明书上。如电学仪表所标示的级别就是该仪器的准确度。对于没有标明准确度的仪器,可粗略地取仪器最小的分度数值或最小分度数值的一半,一般对连续读数的仪器取最小分度数值的一半,对非连续读数的仪器取最小的分度数值。在制造仪器时,其最小的分度数值是受仪器准确度约束的,对不同的仪器其准确度是不一样的,对测量长度的常用仪器米尺、游标卡尺和螺旋测微器它们的仪器准确度依次提高。

　　③量程:指仪器所能测量的物理量最大值和最小值之差,即仪器的测量范围(有时也将所能测量的最大值称为量程)。测量过程中,超过仪器量程使用仪器是不允许的,轻则仪器准确度降低,使用寿命缩短,重则损坏仪器。

2.1.2　误差

(1)误差定义

测量结果 x 和被测量真值 a 之差称为误差,记为 Δx。

$$\Delta x = x - a \tag{2.1.1}$$

(2)真值

　　在物理实验中,真值是一个理想的概念,它是在有完善定义前提下又无测量缺陷时得到的测量值,或者说真值是某一物理量在一定条件下所具有的客观的、不随测量方法改变的真实数值。除了少数定义量(如水三相点的温度等)的真值已知外,其他定义量的真值几乎都是不可知的。所以一般情况下,真值是未知的,因此误差的概念只具有理论意义。报道测量结果准确程度时不能说"测量结果的误差是多少"。

　　真值主要包括:

　　①理论真值:通过理论方法获得的真值。例如,三角形内角之和为 180°,理想电容或电感

构成的电路,电压与电流的相位差为90°等。

②计量学的约定真值:国际计量机构内部约定而确定的真值。例如,7 个 SI 基本单位量的确定,即长度单位为米(m)、时间单位为秒(s)、电流单位为安[培](A)、质量单位为千克(kg)、热力学温度单位为开[尔文](K)、物质的量单位为摩[尔](mol)、发光强度单位为坎[德拉](cd)。或者说约定真值是一个与真值相近的概念,可以是被测量的公认值、较高准确度仪器测量的值或多次测量的平均值。

③标准器的相对真值:当高一级的标准器的误差小于低一级的标准器或普通计量仪器的误差一定程度后,高一级的标准器的指示值可以作为级别低的仪器的相对真值。

(3)偏差

在对测量结果的准确程度进行分析时,经常要计算偏差。偏差 ΔX 定义为测量值与约定真值(最佳估值)之差。

$$\Delta X = x - x_0 \tag{2.1.2}$$

2.1.3 误差的分类

正常测量的误差,按其产生的原因和性质,一般可分为系统误差、随机误差、粗大误差和人员误差四类。

(1)系统误差

系统误差是指在相同条件下,在对同一被测量的多次测量过程中,绝对值和符号保持恒定或以可预知的方式变化的测量误差的分量。根据不同的标准,系统误差有不同的分类方式,常见的有:

1)根据产生原因进行分类

①仪器设备、装置误差。

a.标准器误差:标准器是作为与被测量相比较时提供标准值的器具。例如,标准电池、标准量块、标准电阻等。由于使用条件或制作不够完善等原因,标准器本身也会产生附加误差。

b.仪器误差:测量仪器是指能将被测量转化为可直接观测的指示值或等效信息的计量器具。例如,天平、电桥等比较仪器;温度计、秒表、检流计等指示仪器。仪器设计制造不完善、调节使用不当、老化等都会造成测量误差。

c.附件误差:为使测量方便进行而使用的各种辅助配件,均属测量附件。例如,开关、导线、电源等各种辅助配件也会引起误差。

②环境误差:由于各种环境,如温度、湿度、压力、震动、电磁场等,与要求的标准状态不一致而引起的测量装置和被测量本身的变化的误差。

③方法误差:测量方法或计算方法不完善、不合理等引起的误差。例如,瞬时测量时取样间隔不为零;用单摆测量重力加速度时,公式 $g = 4\pi^2 l/T^2$ 的近似性;用伏安法测电阻时,忽略电表内阻的影响等。

④人员误差:由测量人员分辨力有限,感官的生理变化,反应速度及固有习惯等引起的误差。例如,测量滞后与超前、读数倾斜等。

2)根据系统误差是否确定进行分类

系统误差又可分为已定系统误差和未定系统误差。

①已定系统误差:指绝对值和符号已经确定,可以估算出的系统误差分量,一般在实验中

通过修正测量数据和采用适当的测量方法(如交换法、补偿法、替换法和异号法等)予以消除。如千分尺的零点修正。

数据处理时,使用已定系统误差对读数值予以修正。修正式见式(2.1.3)

$$已修正的读数值 = 未修正的读数值 - 已定系统误差 \qquad (2.1.3)$$

例如,用50分度的游标卡尺测物长的读数是110.52 mm,而该游标卡尺得零点误差是+0.02 mm,那么修正值是

$$110.52 \text{ mm} - 0.02 \text{ mm} = 110.50 \text{ mm}$$

②未定系统误差:指符号和绝对值未能确定的系统误差分量,这种误差一般难以修正,只能估计出其取值范围。

(2)随机误差

随机误差是指在对同一被测量的多次重复测量中绝对值和符号以不可预知方式变化的测量误差分量。

随机误差产生的主要原因有实验条件和环境因素无规则的起伏变化,引起测量值围绕真值发生涨落的变化。例如:电表轴承的摩擦力变动、操作读数时的视差影响。

从一次测量来看,随机误差是随机的。但当测量次数足够多时,随机误差服从一定的统计规律,可按统计规律对误差进行估计。

应当指出,系统误差是测量过程中某一突出因素变化所引起的,随机误差是测量过程中多种因素微小变化综合引起的,两者不存在绝对的界限,变化的系统误差数值较小时与随机误差的界限不明显。随机误差和系统误差有时可以相互转化。

(3)粗大误差

粗大误差又称过失误差,它是由于工作人员疏失、仪器失灵等原因造成的超出规定条件下预期的误差。含有粗大误差的测量值明显偏离被测量的真值,在数据处理时,应首先检验,并将含有粗大误差的数据剔除。

(4)人员误差

由测量人员分辨力有限,感官的生理变化,反应速度及固有习惯等原因引起的误差。例如,测量滞后与超前、读数倾斜等。

2.1.4　误差的表示形式

(1)绝对误差

用绝对大小给出的误差定义为绝对误差。其公式见式(2.1.1),即测量值减去真值,绝对误差是带有单位的数,可正可负。绝对误差反映测量值偏离真值的大小与方向。

(2)相对误差

绝对误差与被测量真值的比值称为相对误差 E。用式子表示为

$$相对误差 \; E = \frac{绝对误差}{真值} \times 100\% \qquad (2.1.4)$$

由于一般情况下真值未知,通常用测量值的最佳估值代替真值。相对误差是无量纲数,通常用"%"表示。相对误差可以反映测量的精度高低。

例2.1.1　测量两个长度量,测量值分别为 $L_1 = 100.0$ mm, $L_2 = 80.0$ mm,其测量误差分别为 $\Delta L_1 = 0.8$ mm, $\Delta L_2 = 0.7$ mm。试比较两个测量结果精度的高低。

解: $E_1 = \dfrac{\Delta L_1}{L_1} \times 100\% = \dfrac{0.8}{100.0} \times 100\% = 0.8\%$

$E_2 = \dfrac{\Delta L_2}{L_2} \times 100\% = \dfrac{0.7}{80.0} \times 100\% = 0.9\%$

从绝对误差的角度看,第 1 个量测量值的误差大于第 2 个量的误差;但从相对误差的角度来看,第 1 个量的测量精度却高于第 2 个量。

(3) 引用误差

引用误差定义为绝对误差与测量范围上限(或量程)的比值,即

$$引用误差 = \frac{绝对误差}{测量范围上限} \times 100\% \qquad (2.1.5)$$

引用误差通常用"%"表示,主要用于仪器误差的表示,实际是一种简化和使用方便的仪器仪表的相对误差。仪表量程或测量范围内各点的引用误差一般不相同,其中最大的引用误差称为引用误差限,去掉引用误差的正负号及"%"后,称为仪器的准确度等级。电工仪表的准确度等级分别规定为 0.1,0.2,0.5,1.0,1.5,2.5,5.0 共 7 级。

例 2.1.2 检定 2.5 级,上限为 100 V 的电压表,发现 50 V 分度点的示值误差为 2 V,并且比其他各点的误差大,试问该电表的最大引用误差为多少? 该表是否合格?

解: 由引用误差定义可知,该表的最大引用误差为 $\dfrac{2\ \text{V}}{100\ \text{V}} \times 100\% = 2\%$。根据准确度等级的含义,$2\% < 2.5\%$,显然该电表合格。

2.1.5 描述测量结果的 3 个名词

常用的描述测量结果的 3 个名词。

①精密度:表示测量数据集中的程度。它反映随机误差的大小,与系统误差无关。

②准确度:表示测量值与真值符合的程度。它反映了系统误差的大小,与随机误差无关。

③精度:对测量数据的精密度与准确度的综合评定。测量的精确度高,说明测量数据比较集中而且接近真值,即系统误差与随机误差都比较小。

通过图 2.1.1 打靶弹着点的分布图,可以形象地说明上述这 3 个概念。图(a)表示精密度高,准确度低;图(b)表示准确度高,精密度低;图(c)表示准确度与精密度都高,即精确度高,或精度高。

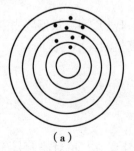 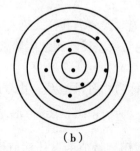 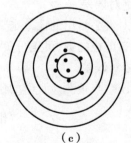

（a） （b） （c）

图 2.1.1 打靶弹着点的分布

2.1.6　随机误差的分布与特点

由于随机误差的存在,实验数据会围绕真值有所起伏,对某一次测量,这种起伏是不可预测的,若进行多次测量,就会发现,实验数据常满足一定的统计分布规律,可用一定的分布函数来描述。物理实验中常遇到的典型分布有正态分布和 t 分布。在实验中若影响测量结果的因素很多很细微且相互独立,则当测量次数无限时,实验数据服从正态分布;当测量次数有限时,实验数据服从 t 分布。

（1）正态分布（高斯分布）

1）正态分布的公式

服从正态分布的随机误差的概率密度函数,见式（2.1.6）

$$f(x) = \frac{1}{\sigma\sqrt{2\pi}}\exp{-\frac{(x-x_0)^2}{2\sigma^2}} \tag{2.1.6}$$

正态分布概率密度曲线（图 2.1.2）具有以下几个特点。

①单峰性:绝对值小的误差出现的概率比绝对值大的误差出现的概率大。

②对称性:绝对值相等的正负误差出现的概率相同。

③有界性:绝对值很大的误差出现的概率很小,且不超过一定的界限。$|3\sigma|$ 为误差界限。

④抵偿性:误差的算术平均值随着测量次数的增加而趋于零。

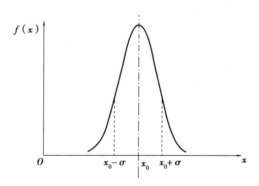

图 2.1.2　正态分布概率密度曲线

2）标准差 σ 的意义

标准差 σ 是指对称的正态分布概率密度曲线上两个拐点间距离的一半。σ 的大小反映了测量值与真值的偏离程度,或各测量值之间的离散程度。由图 2.1.3 可见,随着 σ 的增大曲线趋于平坦,峰值高度降低,对应着测量值间的差别增大,即离散程度增大。

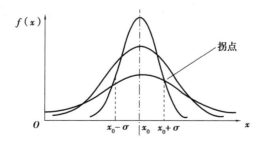

图 2.1.3　不同标准差的正态分布概率密度曲线

概率密度曲线下的面积是概率。对于正态分布,计算可得曲线下两拐点间的面积约为68.3%。这一数值的意义是:在等精度测量的一系列测量值中,任何一次测量值落在$(\bar{x}-\sigma)\sim(\bar{x}+\sigma)$的概率为68.3%,任何一次测量值的误差落在$-\sigma\sim+\sigma$的概率为68.3%。通过计算还可得知,曲线下在$-2\sigma\sim+2\sigma$的面积约为95%,曲线下在$-3\sigma\sim+3\sigma$的面积约为99.7%。这两个数值的概率意义与前相似,即任一次测量值落在$(\bar{x}-2\sigma)\sim(\bar{x}+2\sigma)$的概率为95%,或任一次测量值的误差落在$-2\sigma\sim+2\sigma$的概率为95%。图2.1.3中$x_0$是峰值的横坐标,对应着最大概率密度。峰值的位置$x_0$是测量次数$n\to\infty$的平均值。很明显,测量偏差大于$3\sigma$的概率仅为0.3%,对于有限次的测量,这种可能性微乎其微,因此可以认为是测量失误,该测量值是"坏值",应予以剔除。这就是很有用的3σ判断。

(2)t分布

测量次数趋于无穷只是一种理论情况,这时物理量的概率密度服从正态分布。当测量次数减少时,概率密度曲线变得平坦,称为t分布,也称学生分布。正态分布就是$t\to\infty$时的特例。当测量次数只有几次时,正态分布算出的偏差值比t分布算出的结果偏小一些,需要查表修正。本书约定,只要是多次测量,随机误差按t分布进行估算。

t分布有如下特征:

①以0为中心,左右对称的单峰分布。

②t分布是一簇曲线,其形态变化与n(确切地说与自由度ν)大小有关。自由度ν越小,t分布曲线越低平;自由度ν越大,t分布曲线越接近标准正态分布曲线,如图2.1.4所示。

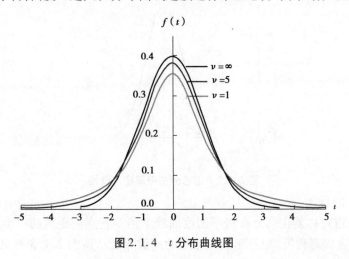

图2.1.4 t分布曲线图

2.2 测量结果的表示与最佳估值

测量与误差形影相随,一般情况下误差不可能确切知道。为了准确地表达测量结果,在报道被测量数值的同时还应标示出测量结果的可信赖程度。

2.2.1 测量结果的表示

通常把测量结果写成简洁形式,见式(2.2.1)

$$x = \bar{x} \pm \sigma (\text{单位}) \tag{2.2.1}$$

式中,x 代表被测量,$\bar{x}$ 是被测量真值的最佳估值,σ 是测量结果的不确定度①,用于表示测量结果的准确程度。由式(2.2.1)可知,表示测量结果有 3 个要素:最佳估值、不确定度与单位。三者缺一则不能准确地说明测量结果(在通常情况下,甚至还应说明 σ 对应的概率)。

测量不确定度是衡量测量质量的一个重要指标。测量结果的不确定度划出了最佳估值 $\bar{x}$ 附近的一个范围,真值以一定概率落在其中,换句话说,最佳估值与真值之差(即误差)以一定概率落在 $-\sigma \sim +\sigma$。不确定度越小,标志着测量的可信赖程度越高;不确定度越大,标志着测量的可信赖程度越低。

式(2.2.1)的意义是被测量的真值在 $(\bar{x}-\sigma) \sim (\bar{x}+\sigma)$ 的概率约为 68%。也可以说,测量结果的真值落在 $(\bar{x}-\sigma) \sim (\bar{x}+\sigma)$ 的概率约为 68%。

这里要特别强调,不要认为真值一定在 $(\bar{x}-\sigma) \sim (\bar{x}+\sigma)$ 之间,同样也不能认为误差一定在 $-\sigma \sim +\sigma$ 之间。

2.2.2　最佳估值 $\bar{x}$ 的计算

(1)直接测量量的最佳估值

在直接测量中,对同一物理量都应当进行多次测量,以减小随机误差。若进行了 n 次测量,多次测量值的平均值就是对真值的最佳估值

$$\bar{x} = \frac{1}{n}(x_1 + x_2 + \cdots + x_n) = \frac{1}{n}\sum_{i=1}^{n} x_i \tag{2.2.2}$$

如果已定系统误差 x_0,那么最佳估值为

$$x = \bar{x} - x_0 \tag{2.2.3}$$

粗略地说,最佳估值是指最可能接近被测量真值的值。但是,不应将其理解为是最接近真值的值,"最佳估值"一词是数理统计的语言。即使第 i 次测量出现:$|x_i-\text{真值}| < |\bar{x}-\text{真值}|$,$\bar{x}$ 是最佳估值的结论仍然是正确的。

实验中,有时也只进行 1 次测量(如在测铜丝材料杨氏模量实验中,对钢丝长度就只测 1 次),条件是随机误差远小于未定系统误差。这一条件暗含着多次测量的结果基本相同。在这种情况下,分析测量结果时,尽管只进行 1 次测量,但应认为测量了无穷次,测量值全同。

(2)间接测量量的最佳估值

设间接测量量为 N,它有 k 个直接测量量 $x_1, x_2, \cdots, x_k$,其函数关系见式(2.2.4)

$$N = N(x_1, x_2, \cdots, x_k) \tag{2.2.4}$$

那么,间接测量量的最佳估值为

$$\bar{N} = N(\bar{x}_1, \bar{x}_2, \cdots, \bar{x}_k) \tag{2.2.5}$$

式(2.2.5)表明,只需要将直接测量量的最佳估值代入函数表达式,即可算出间接测量量的最佳估值。

例如,用单摆测重力加速度时,重力加速度 g 与摆长 l 及周期 T 之间的函数关系如下

$$g = 4\pi^2 \frac{l}{T^2}$$

---

① 为了教学上的简便,本书只用标准不确定度表示测量结果的准确程度,对应的概率是 0.68。

其中 l 与 T 是直接测量量,g 是间接测量量。当 l 与 T 的最佳估值 $\bar{l}$ 与 $\bar{T}$ 已知时,重力加速度的最佳估值为

$$\bar{g} = 4\pi^2 \frac{\bar{l}}{\bar{T}^2}$$

2.3 测量结果不确定度的计算

2.3.1 不确定度的概念

不确定度的权威文件是国际标准化组织(ISO)、国际计量局(BIPM)等 7 个国际组织 1993 年联合推出的称为"测量不确定度表示指南 ISO 1993(E)"。国际与国内的科技文献开始广泛采用不确定度概念,我们也不断开展这方面的讨论,改革教学内容与方法,与国际接轨。

不确定度表征被测量的真值所处的量值范围的评定。它表示由于测量误差存在而对被测量值不能确定的程度。不确定度反映可能存在的误差分布范围,即随机误差分量和未定系统误差分量的联合分布范围。它可近似理解为一定概率下的误差限值,理解为误差分布基本宽度的一半。误差一般落在 $\pm\sigma$ 之间。很明显,不确定度的大小也反映测量结果与真值之间的靠近程度。σ 越小,标志着测量的可信赖程度越高,反之可信赖程度越低。

由于真值的不可知,误差一般是不能计算的,它可正、可负,也可能十分接近零;而不确定度总是不为零的正值,是可以具体评定的。

2.3.2 测量不确定度与误差的区别

测量不确定度与误差既有区别,又有联系。误差理论是估算不确定度的基础,不确定度是误差理论的补充。测量不确定度与误差的主要区别有:

①测量不确定度是一个不为零的正数,用标准差或标准差的倍数表示。而测量误差则可正、可负,其值为测量结果减去被测量的真值。

②测量不确定度表示测量值的分散性。误差表示测量结果偏离真值的大小及方向。

③测量不确定度受人们对被测量、影响量及测量过程的认识程度影响。而测量误差是客观存在的,不以人的认识程度而改变。

④测量不确定度可由人们根据实验、资料、经验等信息进行评定,可以定量确定。由于真值未知,测量误差往往不能准确得到,只有用约定真值代替真值时,才可以得到误差的估计值。

⑤评定测量不确定度各分量时一般不必区分其性质,需要区分时应表述为"由随机效应引入的不确定度分量"和"由系统效应引入的不确定度分量"。而测量误差按性质分为随机误差与系统误差两类。

⑥不能用不确定度对测量结果进行修正,对已修正的测量结果进行不确定度评定时应考虑修正不完善而引入的不确定度。而已知系统误差的估计值时,可以对测量结果进行修正,得到已修正的测量结果。

2.3.3　不确定度分量和合成不确定度

(1)测量不确定度分量

测量的不确定度一般由若干分量组成,原则上可分为两类。

1)A 类不确定度

A 类不确定度是指可以采用统计方法计算的不确定度分量,即不确定度中服从统计规律的那一部分分量。在物理实验教学中约定,A 类不确定度用字母 S 表示。

对某一物理量进行多次测量,由于误差来源不同,可能有若干个 A 类不确定度 $S_1, S_2, \cdots,$ S_n,称为 A 类不确定度分量。如果这些分量之间彼此独立,那么分量的"方和根"就是 A 类不确定度,即

$$S = u_A = \sqrt{S_1^2 + S_2^2 + \cdots + S_n^2} \tag{2.3.1}$$

在实验教学中,一般只存在一个分量,这个分量就是 A 类不确定度 S。

2)B 类不确定度

B 类不确定度是指用非统计方法计算出或评定出的不确定度分量,即不确定度中不服从统计规律的那一部分分量,用字母 u 表示。

与 A 类不确定度类似,由于误差来源不同,一个测量可能存在若干个 B 类不确定度 $u_1,$ $u_2, \cdots, u_n$,称为 B 类不确定度分量。如果这些分量之间彼此独立,则有

$$u = \sqrt{u_1^2 + u_2^2 + \cdots + u_n^2} \tag{2.3.2}$$

如果只有一个分量 u_1,那么 B 类不确定度 u 就等于分量 u_1。

(2)合成不确定度 σ

如果不确定度各分量之间相互独立,则合成标准不确定度以"方和根"方法最为可取,即

$$\sigma = \sqrt{S^2 + u^2} \tag{2.3.3}$$

2.3.4　直接测量量不确定度的计算

(1)A 类不确定度分量的估算

对于一直接测量量进行多次测量就存在 A 类不确定度,其计算方法与随机误差用标准偏差来计算的方法类似,即测量值 x_i 的不确定度为

$$S_x = u_A = \sqrt{\frac{\sum_{i=1}^{n} (x_i - \bar{x})^2}{n - 1}} \tag{2.3.4}$$

平均值 $\bar{x}$ 的不确定度为

$$S_{\bar{x}} = \frac{S_x}{\sqrt{n}} = \sqrt{\frac{\sum_{i=1}^{n} (x_i - \bar{x})^2}{n(n - 1)}} \tag{2.3.5}$$

式中,n 表示测量次数。

(2)B 类不确定度分量的估算

B 类不确定度分量 u 是用非统计方法计算的。其计算步骤初步分为:

①确定误差极限值、分布及置信系数。

②求误差极限值与置信系数之商,得到标准差。

③以此标准差作为 B 类不确定度分量。其计算式为

$$u = \frac{\Delta a}{C} \qquad (2.3.6)$$

式中　Δa——仪器误差限;

　　　C——置信系数。

C 值因分布不同而异。对于均匀分布 $C = \sqrt{3}$。确定误差分布远远超出了物理实验教学的范围,所以本书取 $C = \sqrt{3}$,即认为 Δa 都服从均匀分布,仅仅是教学中的简化假设。

注:现在实验教学中也有把直接测量的 B 类分量近似取仪器误差限值,认为 B 类分量主要是由仪器的误差性质决定的,即

$$u = \Delta a \qquad (2.3.7)$$

所谓仪器误差限(值)Δa 是指正规的符合国家计量技术标准的仪器都会注明的该仪器的示值误差,这里所说的"示值误差"是在正常使用仪器的条件下,仪器显示值的误差极限值。

1)几种常用量具、仪器仪表的仪器误差限

几种常用量具、仪器仪表的仪器误差限(值)见表 2.3.1 和表 2.3.2。

表 2.3.1　几种常用量具的仪器误差限(值)Δa

仪　器	量程/mm	分度值/mm	Δa/mm
钢直尺	150	1	0.1
钢卷尺	2 000	1	0.7
游标卡尺	0～150	0.1	0.1
游标卡尺	0～200	0.02	0.02
游标卡尺	300～500	0.02	0.04
一级外径千分尺	25	0.01	0.004

表 2.3.2　几种常用仪器仪表的仪器误差限(值)Δa

仪器仪表	误差限名称	Δa
指针式电表	允许基本误差	$\dfrac{量程 \times 准确度等级}{100}$
直流电阻电桥	允许基本误差	$\dfrac{a}{100}\left(\dfrac{R_N}{k} + X\right)$
直流电位差计	允许基本误差	$\dfrac{a}{100}\left(\dfrac{U_N}{k} + X\right)$
停(秒)表	人体反应误差	0.2 s(对一般人)

续表

仪器仪表	误差限名称	Δa
二等汞温度计 （量程 0 ~ 50 ℃，分度 0.1 ℃）	示值误差	0.2 ℃
HS10W CASIO 秒表（分度 0.01 s）	示值误差	$(0.01+0.000\ 005\ 8t)$ s

注：直流电阻桥和直流电位差计的式中 a 为准确度等级，X 为度盘示值（读数值）。R_N 或 U_N 称为基准值，等于有效量程内最大的 10 的整数幂。确定基准值方法如下：首先找到所选量程的最大值，然后首位取 1，其余位取零即得基准值。例如，一电位差计的最大标度盘示值为 1.8 V，量程比有三级，分别是 1，0.1，0.01，则三个有效量程分别为 1.8，0.18，0.018 V，由此可得对应的基准值分别为 1.0，0.1，0.01 V。

例 2.3.1　用一量程为 0 ~ 150 mm、分度值为 0.02 mm 的游标卡尺进行测量，试计算测量时的 B 类不确定度分量。

解：由表 2.3.1 查出，该游标卡尺的示值误差为 0.02 mm，按式（2.3.6）得 B 类不确定度分量为

$$u = \frac{\Delta a}{C} = \frac{0.02}{\sqrt{3}} \text{ mm} = 0.12 \text{ mm}$$

例 2.3.2　设 HS10W 型数字显示的 CASIO 秒表某次测量中秒表的示值为 32.12 s，试计算用此表时的 B 类不确定度分量。

解：由表 2.3.2 查出，CASIO 秒表的仪器误差限为

$$0.01 \text{ s} + 0.000\ 005\ 8 \times 32.12 \text{ s} = 0.010 \text{ s}$$

所以 B 类不确定度分量为

$$u = \frac{\Delta a}{C} = \frac{0.010}{\sqrt{3}} \text{ s} = 0.005\ 8 \text{ s}$$

2）指针式电表的仪器误差限

在引用误差中指出，指针式电表的度盘上都刻写有准确度等级，用以反映该表的示值误差。我国规定的指针式电表的准确度等级有 7 级。由电表的准确度等级与所选用的量程可以计算出电表的 Δa

$$\Delta a = \frac{量程 \times 准确度等级}{100} \tag{2.3.8}$$

例 2.3.3　有一电流值约为 2.5 A，今分别用量程为 3 A 与 30 A、准确度等级均为 0.5 级的电流表进行测量，试计算其 B 类不确定度分量。

解：按式（2.3.8）得电流表的仪器误差限分别为

对 3 A 量程表：$\Delta a = \frac{3 \times 0.5}{100}$ A $= 0.015$ A

对 30 A 量程表：$\Delta a = \frac{30 \times 0.5}{100}$ A $= 0.15$ A

按式（2.3.6）得电流表的不确定度分量分别为

对 3 A 量程表：$u = \frac{0.015}{\sqrt{3}}$ A $= 0.008\ 7$ A

对 30 A 量程表：$u = \dfrac{0.15}{\sqrt{3}}$ A = 0.087 A

对于指针式电表的计算表明，在同一准确度等级下，量程越大，不确定度越高。在实验中选择电表的量程时，对电压表与电流表，一般应使示值接近或大于量程的 2/3；对于欧姆表，选择量程的依据是使表针接近中央，因为欧姆表的量程是以中值电阻来区分的。

2.3.5 间接测量量不确定度的计算

物理实验中，大量的测量属于间接测量。只有在已知各直接测量量的最佳估计值及其不确定度之后才能计算间接测量量的不确定度。既然直接测量量有误差，那么间接测量量也必有误差，这就是误差的传递。由直接测量量及其误差来计算间接测量量的误差之间的关系式称为误差的传递公式。

设间接测量量的函数式为

$$N = F(x, y, z, \cdots) \tag{2.3.9}$$

N 为间接测量量，它有 K 个直接测量的物理量 $x, y, z, \cdots$，各直接测量量的测量结果分别为

$$x = \bar{x} \pm \sigma_x \tag{2.3.10}$$

$$y = \bar{y} \pm \sigma_y \tag{2.3.11}$$

$$z = \bar{z} \pm \sigma_z \tag{2.3.12}$$

$$\cdots$$

①若将各个直接测量量的最佳估值 $\bar{x}$ 代入函数表达式（2.3.9）中，即可得到间接测量量的最佳估值，见式（2.3.13）

$$\bar{N} = F(\bar{x}, \bar{y}, \bar{z}, \cdots) \tag{2.3.13}$$

②求间接测量量的合成不确定度。由于不确定度均为微小量，相似于数学中的微小增量，对函数式（2.3.9）求全微分，即

$$dN = \frac{\partial F}{\partial x} dx + \frac{\partial F}{\partial y} dy + \frac{\partial F}{\partial z} dz + \cdots \tag{2.3.14}$$

式中的 $dN, dx, dy, dz, \cdots$ 均为微小量，代表各变量的微小变化，dN 的变化由各自变量的变化决定，$\partial F/\partial x, \partial F/\partial y, \partial F/\partial z, \cdots$ 为函数对自变量的偏导数，记为 $\partial F/\partial A_i$。将上面全微分式中的微分符号 dA_i 改写为不确定度符号 σ，并将微分式中的各项求"方和根"，即为间接测量量的合成不确定度

$$\sigma_N = \sqrt{\left(\frac{\partial F}{\partial x}\sigma_x\right)^2 + \left(\frac{\partial F}{\partial y}\sigma_y\right)^2 + \left(\frac{\partial F}{\partial z}\sigma_z\right)^2 + \cdots + \left(\frac{\partial F}{\partial A_i}\sigma_{A_i}\right)^2} = \sqrt{\sum_{i=1}^{K}\left(\frac{\partial F}{\partial A_i}\sigma_{A_i}\right)^2}$$

$$\tag{2.3.15}$$

i 为直接测量量的个数，A 代表 $x, y, z, \cdots$ 各个自变量（直接观测量）。

式（2.3.15）表明，间接测量量的函数式确定后，测出它所包含的直接测量量的结果，将各个直接测量量的不确定度 σ_{A_i} 乘以函数对各变量（直接测量量）的偏导数 $\left(\dfrac{\partial F}{\partial A_i}\sigma_{A_i}\right)$，再求"方和根"，即 $\sqrt{\sum_{i=1}^{K}\left(\dfrac{\partial F}{\partial A_i}\sigma_{A_i}\right)^2}$ 就是间接测量量的不确定度。

当间接测量量的函数表达式为积和商(或含和差的积商形式)的形式时,为了使运算简便起见,可以先将函数式两边同时取自然对数,然后再求全微分,即

$$\frac{\mathrm{d}N}{N} = \frac{\partial \ln F}{\partial x}\mathrm{d}x + \frac{\partial \ln F}{\partial y}\mathrm{d}y + \frac{\partial \ln F}{\partial z}\mathrm{d}z + \cdots \tag{2.3.16}$$

同样改写微分符号为不确定度符号,再求其"方和根",即为间接测量量的相对不确定度 E_N,即

$$E_N = \frac{\sigma_N}{N} = \sqrt{\left(\frac{\partial \ln F}{\partial x}\sigma_x\right)^2 + \left(\frac{\partial \ln F}{\partial y}\sigma_y\right)^2 + \left(\frac{\partial \ln F}{\partial z}\sigma_z\right)^2 + \cdots + \left(\frac{\partial \ln F}{\partial A_i}\sigma_{A_i}\right)^2}$$

$$= \sqrt{\sum_{i=1}^{K}\left(\frac{\partial \ln F}{\partial A_i}\sigma_{A_i}\right)^2}$$

$$\tag{2.3.17}$$

已知 $E_N, \overline{N}$,由式(2.3.17)可以求出合成不确定度

$$\sigma_N = \overline{N} \cdot E_N \tag{2.3.18}$$

这样计算间接测量量的统计不确定度时,特别是对函数表达式很复杂的情况,可以明显显示出它的优越性。今后在计算间接测量量的不确定度时,对函数表达式仅为"和差"形式的,可以直接利用式(2.3.15)求出间接测量的合成不确定度 σ_N,若函数表达式为积和商(或积商和差混合)等较为复杂的形式时,可直接采用式(2.3.17),先求出相对不确定度,再求出合成不确定度 σ_N。常用函数的不确定度传递公式见表2.3.3。

表 2.3.3　常用函数的不确定度传递公式

函数表达式	不确定度关系式
$W = x \pm y$	$\sigma_W = \sqrt{\sigma_x^2 + \sigma_y^2}$
$W = x \cdot y$ 或 $W = \dfrac{x}{y}$	$\dfrac{\sigma_W}{W} = \sqrt{\left(\dfrac{\sigma_x}{x}\right)^2 + \left(\dfrac{\sigma_y}{y}\right)^2}$
$W = \dfrac{x^k y^n}{z^m}$	$\dfrac{\sigma_W}{W} = \sqrt{k^2\left(\dfrac{\sigma_x}{x}\right)^2 + n^2\left(\dfrac{\sigma_y}{y}\right)^2 + m^2\left(\dfrac{\sigma_z}{z}\right)^2}$
$W = kx$	$\sigma_W = k\sigma_x, \dfrac{\sigma_W}{W} = \dfrac{\sigma_x}{x}$
$W = k\sqrt{x}$	$\dfrac{\sigma_W}{W} = \dfrac{1}{2}\dfrac{\sigma_x}{x}$
$W = \sin x$	$\sigma_W = |\cos x|\sigma_x$
$W = \ln x$	$\sigma_W = \dfrac{\sigma_x}{x}$

2.3.6　微小误差准则

微小误差是与所有误差的总影响相比时微不足道的某个误差。略去微小误差,可以减少

不必要的计算。

在用"方和根"法计算不确定度时,在项数较少的条件下,某一平方项小于另一平方项的,则小项可略去不计。

如果式(2.3.3)$\sigma=\sqrt{S^2+u^2}$中,$S^2<\dfrac{1}{9}u^2$ 或 $S<\dfrac{1}{3}u$,则式(2.3.3)可略为

$$\sigma = u \qquad\qquad (2.3.19)$$

如果 $\left|\dfrac{\partial F}{\partial x}\sigma_x\right|<\dfrac{1}{3}\left|\dfrac{\partial F}{\partial y}\sigma_y\right|$,则式(2.3.15)可略为

$$
\begin{aligned}
\sigma_N &= \sqrt{\left(\frac{\partial F}{\partial x}\sigma_x\right)^2 + \left(\frac{\partial F}{\partial y}\sigma_y\right)^2 + \left(\frac{\partial F}{\partial z}\sigma_z\right)^2 + \cdots + \left(\frac{\partial F}{\partial A_i}\sigma_{A_i}\right)^2}\\
&= \sqrt{\left(\frac{\partial F}{\partial y}\sigma_y\right)^2 + \left(\frac{\partial F}{\partial z}\sigma_z\right)^2 + \cdots + \left(\frac{\partial F}{\partial A_i}\sigma_{A_i}\right)^2}
\end{aligned}
\qquad (2.3.20)
$$

2.3.7　不确定度计算小结

(1)直接测量量的不确定度

①由式(2.2.2)求测量数据列的平均值

$$\bar{x} = \frac{1}{n}\sum_{i=1}^{n} x_i$$

②修正已定系统误差 x_0,由式(2.2.3)得出被测量值(最佳估值)

$$x = \bar{x} - x_0$$

③由式(2.3.5)计算 A 类不确定度

$$S_{\bar{x}} = \frac{S_x}{\sqrt{n}} = \sqrt{\frac{\sum\limits_{i=1}^{n}(x_i - \bar{x})^2}{n(n-1)}}$$

④由式(2.3.6)计算 B 类不确定度

$$u = \frac{\Delta a}{C} = \frac{\Delta a}{\sqrt{3}}$$

⑤由式(2.3.3)计算合成不确定度

$$\sigma = \sqrt{S^2 + u^2}$$

⑥由式(2.2.1)写出测量结果表达式

$$x = \bar{x} \pm \sigma \,(单位)$$

(2)间接测量量的不确定度

①先由式(2.2.5)求出间接测量量的最佳估值

$$\bar{N} = N(\bar{x_1}, \bar{x_2}, \cdots, \bar{x_k})$$

②写出(或求出)各直接测量量的不确定度

③依据式(2.3.9)$N=F(x,y,z,\cdots)$关系求出$\dfrac{\partial F}{\partial x}, \dfrac{\partial F}{\partial y}, \dfrac{\partial F}{\partial z}, \cdots$

④用式(2.3.15)$\sigma_N = \sqrt{\sum\limits_{i=1}^{K}\left(\dfrac{\partial F}{\partial A_i}\sigma_{A_i}\right)^2}$ 或式(2.3.17)$E_N = \dfrac{\sigma_N}{N} = \sqrt{\sum\limits_{i=1}^{K}\left(\dfrac{\partial \ln F}{\partial A_i}\sigma_{A_i}\right)^2}$ 求出 $\sigma_N = \dfrac{\sigma_N}{N}$

⑤根据式(2.2.1)或式(2.1.4)写出测量结果表达式

$$N = \overline{N} \pm \sigma_N (\text{单位}) \quad \text{或} \quad E_N = \frac{\sigma_N}{N} \times 100\%$$

2.3.8　实例

例 2.3.4　用一级外径千分尺($\Delta a = \pm 0.004$ mm)对一钢丝直径 d 进行 6 次测量,测量值见表2.3.4。千分尺的零位读数为-0.008 mm,要求进行数据处理、写出测量结果。

表 2.3.4　对钢丝直径的测量数据

i	1	2	3	4	5	6
d/mm	2.125	2.131	2.121	2.127	2.124	2.126

解:测量数据及处理见表2.3.5。

表 2.3.5　对钢丝直径的测量数据及处理

i	1	2	3	4	5	6
d/mm	2.125	2.131	2.121	2.127	2.124	2.126
$\overline{d}$/mm	2.126					
Δd/mm	-0.001	0.005	-0.005	0.001	-0.002	0

消除可定系统误差后的平均值:$d = \overline{d} - d_0 = 2.134$ mm

①A 类分量

测量列的标准差:$S_d = \sqrt{\dfrac{1}{6-1} \sum\limits_{i=1}^{6} (\Delta d)^2} = 0.003\ 3$ mm　　($n \geqslant 6$)

平均值的标准差:$S_{\overline{d}} = \dfrac{S_d}{\sqrt{6}} = 0.001$ mm

$$S_{\overline{d}} = \sigma_{\overline{d}} = 0.001 \text{ mm}$$

②B 类分量

仪器不确定度:$\Delta a = 0.004$ mm

$$u = \frac{\Delta a}{\sqrt{3}} = \frac{0.004}{\sqrt{3}} \text{ mm}$$

③合成不确定度

$$\sigma_d = \sqrt{0.001^2 + \frac{0.004^2}{3}} \text{ mm} = 0.002 \text{ mm}$$

④测量结果

$$d = (2.134 \pm 0.002) \text{ mm}$$

例 2.3.5　已知电阻 $R_1 = (50.2 \pm 0.5)\ \Omega$, $R_2 = (149.8 \pm 0.5)\ \Omega$,求它们串联的电阻 R 和合

成不确定度 σ_R。

解:串联电阻的阻值为

$$R = R_1 + R_2 = 50.2\ \Omega + 149.8\ \Omega = 200.0\ \Omega$$

合成不确定度

$$\sigma_R = \sqrt{\sum_1^2 \left(\frac{\partial R}{\partial R_i}\sigma_{R_i}\right)^2} = \sqrt{\left(\frac{\partial R}{\partial R_1}\sigma_1\right)^2 + \left(\frac{\partial R}{\partial R_2}\sigma_2\right)^2}$$

$$= \sqrt{\sigma_1^2 + \sigma_2^2} = \sqrt{0.5^2 + 0.5^2}\ \Omega = 0.7\ \Omega$$

测量结果为

$$R = (200.0 \pm 0.7)\ \Omega$$

例 2.3.6 用一 0~25 mm 的一级千分尺测圆柱体的直径和高度各 6 次,测量数据见表 2.3.6。若测量数据无已定系统误差和粗大误差,试求该圆柱体的体积。

表 2.3.6　千分尺测圆柱体的直径和高度数据

测量次数	1	2	3	4	5	6
直径 d/mm	6.075	6.087	6.091	6.060	6.085	6.080
高度 h/mm	10.105	10.107	10.103	10.110	10.100	10.108

解:显然,体积 V 为间接测量量,直径 d 与高度 h 为直接测量量,故应按间接测量数据处理方法来求测量结果。

1)直径 d 的处理

①最佳估值 $\bar{d}$

$$\bar{d} = \frac{\sum_{i=1}^6 d_i}{6} = 6.0797\ \text{mm}$$

②不确定度 u_d

A 类分量

$$u_A(d) = S_{\bar{d}} = \sqrt{\frac{\sum_{i=1}^6 (d_i - \bar{d})^2}{6 \times (6-1)}} = 0.0045\ \text{mm}$$

按技术规程,所用一级千分尺的极限误差 $\Delta_仪 = \Delta a = 0.004$ mm,则

B 类分量

$$u_B(d) = \frac{\Delta a}{\sqrt{3}} = 0.0023\ \text{mm}$$

d 的合成不确定度

$$\sigma_d = \sqrt{u_A^2 + u_B^2} = \sqrt{S_{\bar{d}}^2 + \left(\frac{\Delta a}{\sqrt{3}}\right)^2} = 0.0051\ \text{mm}$$

注:上述各计算结果的有效数字,都比有效数字运算规则和不确定度取位规则要求的位数多一位,目的是减小后续计算误差。以下类同。

2）高度 h 的处理

①最佳估值 $\bar{h}$

$$\bar{h} = \frac{\sum\limits_{i=1}^{6} h_i}{6} = 10.105\ 5\ \text{mm}$$

②不确定度 u_h

A 类分量

$$u_A(h) = S_{\bar{h}} = \sqrt{\frac{\sum\limits_{i=1}^{6} (h_i - \bar{h})^2}{6 \times (6-1)}} = 0.001\ 5\ \text{mm}$$

按技术规程，所用一级千分尺的极限误差 Δ 仪 $= \Delta a = 0.004\ \text{mm}$，则

B 类分量

$$u_B(h) = \frac{\Delta a}{\sqrt{3}} = 0.002\ 3\ \text{mm}$$

h 的合成不确定度

$$\sigma_h = \sqrt{u_A^2 + u_B^2} = \sqrt{S_h^2 + \left(\frac{\Delta a}{\sqrt{3}}\right)^2} = 0.002\ 7\ \text{mm}$$

3）体积 V 的处理

①最佳估值 $\bar{V}$

$$\bar{V} = \frac{1}{4}\pi \bar{d}^2 \bar{h} = 293.367\ \text{mm}^3$$

②合成不确定度 $\sigma(V)$

体积 V 与高度和直径之间的函数为简单乘除关系，先求相对不确定度 E：

$$E = \frac{\sigma(V)}{V} = \sqrt{\left(\frac{\partial \ln V}{\partial h}\sigma_h\right)^2 + \left(\frac{\partial \ln V}{\partial d}\sigma_d\right)^2} = \sqrt{\left(\frac{\sigma_h}{\bar{h}}\right)^2 + \left(2\frac{\sigma_d}{\bar{d}}\right)^2} = 0.001\ 7 = 0.17\%$$

体积的合成不确定度

$$\sigma_c(V) = \bar{V} \cdot E = 0.5\ \text{mm}^3$$

③最终结果

$$V = (293.4 \pm 0.5)\ \text{mm}^3$$

2.4　实验数据的有效数字

　　在实验中我们所测的被测量都是含有误差的数值，对这些数值不能任意取舍，应反映出测量值的准确度。所以在记录数据、计算以及书写测量结果时，应根据测量误差或实验结果的不确定度来定出究竟应取几位有效数字。

2.4.1 有效数字

有效数字的位数:自左起第一个非零数开始的数字个数,如称 23.4 mm 是 3 位有效数字,又如,23.40 mm 与 0.023 40 m 都是 4 位有效数字。

有效数字包含两个部分:可靠数字和可疑数字。

(1)直接测量量(原始数据)的读数应反映仪器的精确度

游标类器具(游标卡尺、分光计度盘、大气压计等)读至游标最小分度的整数倍,即不需估读。

如图 2.4.1 所示为一游标卡尺测量某物体长度时的读数。

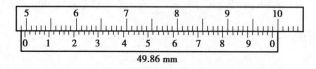

49.86 mm

图 2.4.1 游标卡尺测量某物体长度时的读数

数显仪表及有十进步式标度盘的仪表(电阻箱、电桥、电位差计、数字电压表等)一般应直接读取仪表的示值,如图 2.4.2 所示为一电阻箱和电位差计的读数。

—1 032.0 Ω

图 2.4.2 一电阻箱和电位差计的读数

指针式仪表及其他器具,读数时估读到仪器最小分度的 1/10 ~ 1/2,或使估读间隔不大于仪器基本误差限的 1/5 ~ 1/3。如图 2.4.3 所示为一螺旋测微器测量一物体外径时的读数。

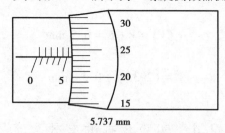

5.737 mm

图 2.4.3 螺旋测微器测量一物体外径时的读数

(2)中间运算结果的有效数字位数

加减运算的结果末位以参与运算的末位最高的数为准。

如:11.4+2.56=14.0

　　75−10.356=65

乘除运算结果的有效位数多少以参与运算的有效位数最少的数为准,可比其多取一位。

如：$4\ 000 \times 9 = 3.6 \times 10^4$

　　$2.000 \div 0.99 = 2.00$

乘方和开方运算规则与乘除法运算规则相同，即结果的有效位数与被乘方、开方数的有效位数相同。

如：$1.40^2 = 1.96$

　　$\sqrt{200} = 14.1$

（3）测量结果表达式中的有效数字位数

①总不确定度 σ 的有效位数，取 1~2 位。

②首位大于等于 5 时，一般取 1 位。

③首位为小于 5 时，一般取 2 位。

如：估算结果 $\sigma = 0.548$ mm 时，取 $\sigma = 0.5$ mm

　　　　　　$\sigma = 1.37\ \Omega$ 时，取 $\sigma = 1.4\ \Omega$

④相对误差的有效位数：大于 10% 取 2 位，小于 10% 取 1 位，取舍位为 0 时全舍，非 0 位时只进不舍。

如：相对误差计算结果 $E_r = 2.567\%$ 时，取 $E_r = 3\%$

　　　　$E_r = 2.067\%$ 时，取 $E_r = 2\%$

　　　　$E_r = 20.567\%$ 时，取 $E_r = 21\%$

（4）被测量值有效数字位数的确定

如式（2.3.11）$y = \bar{y} \pm \sigma_y$ 中，被测量值 $\bar{y}$ 的末位要与不确定度 σ_y 的末位对齐。（求出 $\bar{y}$ 后先多保留几位，求出 σ_y，由 σ_y 决定 $\bar{y}$ 的末位）

如：环的体积 $V = \dfrac{\pi}{4}(D_2^2 - D_1^2)h = 9.436$ cm^3

不确定度分析结果 $\sigma_V = 0.08$ cm^3

最终结果为：$V = (9.44 \pm 0.08)$ cm^3

即不确定度末位在小数点后第 2 位，测量结果的最后 1 位。也取到小数点后第 2 位。

（5）常数和非测常量的有效数字位数是无限的

如常数 $3 = 3.000\cdots$，对无理常数 π 等为无穷多位有效数字。

2.4.2　等概率法进行数字修约

数字修约是指使用舍入规则减少数字位数的约定。

等概率法进行数字修约的准则为：大于 5 入，不足 5 舍，等于 5 凑偶。

如：$3.141\ 6 \rightarrow 3.142$（大于 5 则入，舍 0.006）

　　$0.374\ 51 \rightarrow 0.375$（大于 5 则入，舍 0.005 1）

　　$4.511\ 5 \rightarrow 4.512$（等于 5 凑偶，实际入）

　　$3.126\ 5 \rightarrow 3.126$（等于 5 凑偶，实际舍）

2.4.3　有效数字的科学表示法

根据有效数字的概念，3 cm 与 30 mm 代表两个不同的常量结果，为了防止在单位变换时，有效数字位数发生变化，在实验中可采用科学表示法，如

$$30.0 \ \mathrm{mm} = 3.00 \ \mathrm{cm} = 3.00 \times 10^{-2} \ \mathrm{m} = 3.00 \times 10^{-5} \ \mathrm{km}$$

它们都是 3 位有效数字。

2.5　实验数据的处理方法

实验过程中必然要采集大量数据,实验者需要对实验数据进行记录、整理、计算与分析,从而寻找出测量对象的内在规律,正确地给出实验结果。所以说,数据处理是实验工作不可缺少的重要部分。

2.5.1　列表法

在记录实验数据时,设计一份清晰、合理的表格,把测得的数据一一对应排列在表中,称为列表法。列表是有序记录原始数据的必要手段,也是用实验数据显示函数关系的一种方法。

列表要求:

①表格设计简单明了,便于看出有关量之间的关系。

②表中各量应写明单位,单位写在标题栏内,一般不要写在每个数据后面。

③填写的数据要正确反映测量结果的有效数字位数,正确反映所用仪器的准确度。

2.5.2　作图法

作图法是用几何手段寻找与表示待求函数关系的方法。作图法可形象、直观地显示出物理量之间的函数关系,也可用来求某些物理参数,因此它是一种重要的数据处理方法。

作图法的一般步骤为:

①先整理出数据表格,并用坐标纸作图。

②选择合适的坐标分度值,确定坐标纸的大小,坐标分度值的选取应能反映测量值的有效数字位数,一般以 1～2 mm 对应于测量仪表的仪表误差。

③标明坐标轴,用粗实线画坐标轴,用箭头标轴方向,标坐标轴的名称或符号、单位,再按顺序标出坐标轴整分格上的量值。

④标实验点,实验点可用"×""+""▲"等符号标出(同一坐标系下不同曲线用不同的符号)。

⑤连成图线,用直尺、曲线板等把点连成直线、光滑曲线。一般不强求直线或曲线通过每个实验点,应使图线两边的实验点与图线最为接近且分布大体均匀。图线正穿过实验点时可以在点处断开。

⑥标出图线特征,在图上空白位置标明实验条件或从图上得出的某些参数。

⑦标出图名,在图线下方或空白位置写出图线的名称及某些必要的说明。

例 2.5.1　伏安法测电阻实验数据见表 2.5.1。

表 2.5.1　伏安法测电阻的实验数据

U/V	0.74	1.52	2.33	3.08	3.66	4.49	5.24	5.98	6.76	7.50
I/mA	2.00	4.01	6.22	8.20	9.75	12.00	13.99	15.92	18.00	20.01

　　根据表 2.5.1 数据 U 轴可选 1 mm 对应于 0.10 V，I 轴可选 1 mm 对应于 0.20 mA，并可定坐标纸的大小（略大于坐标范围、数据范围）约为 130 mm×130 mm，如图 2.5.1 所示。

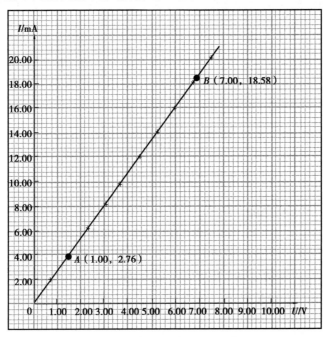

图 2.5.1　电阻伏安特性曲线

由图 2.5.1 中 A、B 两点可得被测电阻 R 为

$$R = \frac{U_B - U_A}{I_B - I_A} = \frac{7.00 - 1.00}{18.58 - 2.76} \text{ k}\Omega = 0.379 \text{ k}\Omega$$

2.5.3　逐差法

　　逐差法是把测量数据中的因变量进行逐项相减或按顺序分为两组进行对应项相减，然后将所得差值作为因变量的多次测量值进行数据处理的方法。逐差法是实验中常用的一种数据处理方法，特别是当变量之间存在多项式关系，且自变量等间距变化时，这种方法更显现出它的优点和方便。它的适应条件是自变量等间距变化，测量数据为偶数个。

　　例 2.5.2　在拉伸法测量钢丝的杨氏弹性模量实验中，已知望远镜中标尺读数 x 和加砝码质量 m 之间满足线性关系 $m = kx$，式中 k 为比例常数，现要求计算 k 的数值，实验数据见表 2.5.2。

表 2.5.2　拉伸法测量钢丝的杨氏弹性模量实验数据

序　号	1	2	3	4	5	6	7	8	9	10
m/kg	0.500	1.000	1.500	2.000	2.500	3.000	3.500	4.000	4.500	5.000
x/cm	15.95	16.55	17.18	17.80	18.40	19.02	19.63	20.22	20.84	21.47

解: 如果用逐项相减,然后再计算每增加 0.500 kg 砝码标尺读数变化的平均值 $\overline{\Delta x_i}$,即

$$\overline{\Delta x_i} = \frac{\sum\limits_{i=1}^{n} \Delta x_i}{n}$$

$$= \frac{(x_2 - x_1) + (x_3 - x_2) + \cdots + (x_{10} - x_9)}{9}$$

$$= \frac{(x_{10} - x_1)}{9} = \frac{21.47 - 15.95}{9}\ \text{cm} = 0.613\ \text{cm}$$

于是比例系数

$$k = \frac{\overline{\Delta x_i}}{\Delta m} = 1.23\ \text{cm/kg} = 1.23 \times 10^{-2}\ \text{m/kg}$$

这样中间测量值 $x_9, x_8, \cdots, x_2$ 全部未用,仅用到了始末 2 次测量值 x_{10} 和 x_1,它与一次增加 9 个砝码的单次测量等价。若改用多项间隔逐差,即将上述数据分成后组 $(x_{10}, x_9, x_8, x_7, x_6)$ 和前组 $(x_5, x_4, x_3, x_2, x_1)$,然后对应项相减求平均值,即

$$\overline{\Delta x_5} = \frac{(x_{10} - x_5) + (x_9 - x_4) + (x_8 - x_3) + (x_7 - x_2) + (x_6 - x_1)}{5}$$

$$= \frac{1}{5}\big[(21.47 - 18.40) + (20.84 - 17.80) + (20.22 - 17.18) + (19.63 - 16.55) + (19.02 - 15.95)\big]$$

$$= \frac{1}{5}(3.07 + 3.04 + 3.04 + 3.08 + 3.07)\ \text{cm} = 3.06\ \text{cm}$$

于是

$$k = \frac{\overline{\Delta x_5}}{5m} = \frac{3.06}{5 \times 0.500}\ \text{cm/kg} = 1.22\ \text{cm/kg} = 1.22 \times 10^{-2}\ \text{m/kg}$$

Δx_5 是每增加 5 个砝码,标尺读数变化的平均值。这样全部数据都用上,相当于重复测量了 5 次。应该说,这个计算结果比前面的计算结果要准确些,它保持了多次测量的优点,减少了测量误差。

2.5.4　最小二乘法

由一组实验数据找出一条最佳拟合直线(或曲线),常用的方法是最小二乘法,所得的变量之间的相关函数关系称为回归方程。本书只讨论用最小二乘法进行一元线性拟合问题,其余有关多元线性拟合与非线性拟合,请读者参阅相关专著。

(1)最小二乘法原理

在假定的函数关系前提下,预设函数中参数为最佳估值的条件是,使测量偏差平方之和

为最小。定性地说,预设函数参数的最佳估值使估计曲线最好地与实验点拟合。即图线虽然不一定通过每个实验点,但是它以最接近这些实验点的方式平滑地穿过它们,即

$$\sum_{i=1}^{n} (y_i - y_{最佳})^2 = \min \tag{2.5.1}$$

最小二乘法原理给出了一个数学条件,此条件暗含着一组求解参数的方程。

(2) 用最小二乘法求解线性关系

设某一实验中,可控制的物理量取 $x_1, x_2, \cdots, x_n$ 值时,对应的物理量依次取 $y_1, y_2, \cdots, y_n$ 值。我们假定对 x_i 值的观测是准确的,而误差都出现在 y_i 的观测上。如果从 (x_i, y_i) 中任取两组实验数据就得出一条直线,那么这条直线的误差有可能很大。直线拟合的任务就是用数学分析的方法从这些观测到的数据中求出一个误差最小的最佳经验公式 $y = mx + b$(图 2.5.2)。按这一最佳经验公式得到的图线虽不一定能通过每一个实验点,但是它以最接近这些实验点的方式平滑地穿过它们。很明显,对应于每一个 x_i 值,观测值 y_i 和最佳经验式的 y 值之间存在一偏差 Δ,我们称它为观测值 y_i 的偏差,即

$$\Delta = y_i - y = y_i + (mx_i + b) \qquad (i = 1, 2, 3, \cdots, n) \tag{2.5.2}$$

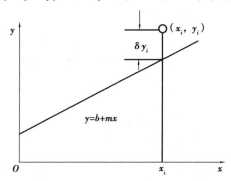

图 2.5.2　y 与 x 之间的线性关系

据最小二乘法原理,$S = \sum (y_i - y)^2$ 最小,得到 $S(m, b) = \sum [y_i - (mx_i + b)]^2$ 最小,所以根据最小条件

$$\begin{cases} \dfrac{\partial S}{\partial m} = -2 \sum [(y_i - mx_i - b) x_i] = 0 \\[2mm] \dfrac{\partial S}{\partial b} = -2 \sum (y_i - mx_i - b) = 0 \end{cases} \tag{2.5.3}$$

$$\begin{cases} \sum (y_i x_i) - m \sum x_i^2 - b \sum x_i = 0 \\[2mm] \sum y_i - m \sum x_i - nb = 0 \end{cases} \tag{2.5.4}$$

解得

$$m = \frac{n \sum (x_i y_i) - \sum x_i \sum y_i}{n \sum x_i^2 - \left(\sum x_i \right)^2} = \frac{l_{xy}}{l_{xx}} \tag{2.5.5}$$

$$b = \frac{\sum y_i}{n} - \frac{m \sum x_i}{n} = \bar{y} - m\bar{x} \tag{2.5.6}$$

由式(2.5.5)可知

$$l_{xy} = \sum (x_i y_i) - \frac{1}{n} \sum x_i \sum y_i \qquad (2.5.7)$$

$$l_{xx} = \sum x_i^2 - \frac{1}{n} \left(\sum x_i \right)^2 \qquad (2.5.8)$$

同理可由式(2.5.6)得

$$l_{yy} = \sum y_i^2 - \frac{1}{n} \left(\sum y_i \right)^2 \qquad (2.5.9)$$

(3)定义相关系数 r

为了检验线性拟合的好坏,定义相关系数 r。r 是验证两变量之间的一个参数。r 的大小反映了 x 与 y 之间的线性关系的密切程度。r 的取值范围为 $0 \leqslant |r| \leqslant 1$。

$$r = \frac{l_{xy}}{\sqrt{l_{xx} \cdot l_{yy}}} \qquad (2.5.10)$$

$r=0$,说明 x 与 y 之间根本不具有线性关系,这种情况下数据分散,偏离回归直线。

$|r|=1$,说明 x 与 y 之间具有完全线性关系,数据点全部落在回归直线上。

斜率 m 的标准差为

$$S_m = \sqrt{\frac{\frac{1}{r^2} - 1}{n - 2}} \cdot m \qquad (2.5.11)$$

截距的标准差为

$$S_b = \sqrt{\overline{x^2}} \cdot S_m \qquad (2.5.12)$$

第 **3** 章

物理实验

实验一 长度的测量

长度是最基本的物理量,是构成空间的最基本的要素,是一切生命和物质赖以存在的基础。本实验的长度测量所涉及的测长量具和方法是日常生活、工作中最常用的,也是最基本的,同时也是现代高精度测量仪器的基本组元之一,是一切测量的基础。

一、实验目的

①掌握游标卡尺及螺旋测微器读数的原理,学会正确使用游标卡尺、螺旋测微器。
②掌握等精度测量中不确定度的估算方法和有效数字的基本运算。

二、实验仪器

游标卡尺、螺旋测微器、待测物体。

三、实验原理

(1)游标卡尺

游标卡尺是一种利用游标提高测量精度的长度测量仪器。

1)原理

游标刻度尺上一共有 m 分格,而 m 分格的总长度和主刻度尺上的($m-1$)分格的总长度相等。设主刻度尺上每个等分格的长度为 y,游标刻度尺上每个等分格的长度为 x,则有:

$$mx = (m - 1)y \tag{3.1.1}$$

主刻度尺与游标刻度尺每个分格之差 $y-x=y/m$ 为游标卡尺的最小读数值,即最小刻度的分度数值。主刻度尺的最小分度是毫米,若 $m=10$,即游标刻度尺上 10 个等分格的总长度和主刻度尺上的 9 mm 相等,每个游标分度是 0.9 mm,主刻度尺与游标刻度尺每个分度之差 $\Delta x=1$ mm-0.9 mm$=0.1$ mm,称作 10 分度游标卡尺;如 $m=20$,则游标卡尺的最小分度为 1/20 mm＝0.05 mm,称为 20 分度游标卡尺;还有常用的 50 分度的游标卡尺,其分度数值为 1/50 mm＝0.02 mm。

2)读数

游标卡尺的读数表示的是主刻度尺的 0 线与游标刻度尺的 0 线之间的距离。读数可分为两部分:首先,从游标刻度上 0 线的位置读出整数部分(毫米位);其次,从游标上读取与主刻度尺对齐的游标刻度线位置处的分度格数目,读数目与游标卡尺的分度值相乘得到毫米以下的数据,整数部分与毫米以下部分的数据相加就是测量值。以 10 分度的游标卡尺为例,如图 3.1.1 所示读数。毫米以上的整数部分直接从主刻度尺上读出为 11 mm。读毫米以下的小数部分时应细心寻找游标刻度尺上哪一根刻度线与主刻度尺上的刻度线对得最整齐,对得最整齐的那根刻度线表示的数值就是我们要找的小数部分。若图 3.1.1 中是第 4 根刻度线和主刻度尺上的刻度线对得最整齐,应该读作 4×0.1 mm＝0.4 mm。所测工件的读数值为 11 mm+0.4 mm＝11.4 mm。如果是第 6 根刻度线和主刻度尺上的刻度线对得最整齐,那么读数就是 11.6 mm。20 分度的游标卡尺和 50 分度的游标卡尺的读数方法与 10 分度游标卡尺类似,读数也是由两部分组成的。

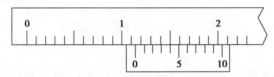

图 3.1.1　游标卡尺所示读数

(2)螺旋测微器

螺旋测微器是一种利用测微螺杆的角位移转变为直线位移来测量微小长度的长度测量仪器。

1)原理

螺旋测微器内部螺旋的螺距为 0.5 mm,因此副刻度尺(微分筒)每旋转一周,螺旋测微器内部的测微螺丝杆和副刻度尺同时前进或后退 0.5 mm,而螺旋测微器内部的测微螺丝杆套筒每旋转一格,测微螺丝杆沿着轴线方向前进 0.01 mm,0.01 mm 即为螺旋测微器的最小分度数值。在读数时可估计到最小分度的 1/10,即 0.001 mm,故螺旋测微器又称为千分尺。

2)读数

读数可分两步:首先,观察固定标尺读数准线(即微分筒前沿)所在的位置,从固定标尺上读出整数部分,注意:每格 0.5 mm;其次,以固定标尺的刻度线为读数准线,读出 0.5 mm 以下的数值,估计读数到最小分度的 1/10,然后两者相加。

如图 3.1.2(a)所示,整数部分是 5.5 mm(因固定标尺的读数准线已超过了 1/2 刻度线,所以是 5.5 mm,副刻度尺上的圆周刻度是 20 的刻线正好与读数准线对齐,即 0.200 mm。所以,其读数值为 5.5 mm+0.200 mm＝5.700 mm。如图 3.1.2(b)所示,整数部分(主尺部分)是 5 mm,而圆周刻度是 20.9,即 0.209 mm,其读数值为 5 mm+0.209 mm＝5.209 mm。使用螺旋测微器时要注意 0 点误差,即当两个测量界面密合时,看一下副刻度尺 0 线和主刻度尺 0 线所对应的位置。经过使用后的螺旋测微器 0 点一般对不齐,而是显示某一读数,使用时要分清是正误差还是负误差。如图 3.1.2(c)和图 3.1.2(d)所示,如果零点误差用 δ_0 表示,测量待测物的读数是 d。此时,待测量物体的实际长度为

$$d' = d - \delta_0 \qquad\qquad (3.1.2)$$

其中,δ_0 可正可负。

则在图 3.1.2(c)中:$\delta_0 = -0.006$ mm, $d' = d - (-0.006) = d + 0.006$ mm。

则在图 3.1.2(d)中:$\delta_0 = +0.008$ mm, $d' = d - 0.008$ mm。

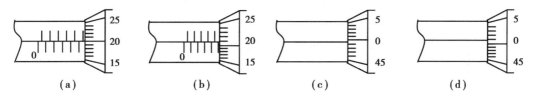

图 3.1.2　螺旋测微器所示读数

四、实验内容与步骤

①用游标卡尺测量小钢球直径。

②用螺旋测微器测薄片的厚度。

③自拟表格记录 6 次测量数据,并计算最佳估值和不确定度,将测量结果用标准式表示出来。

五、注意事项

①游标卡尺使用前,应该先将游标卡尺的卡口合拢,检查游标尺的 0 线和主刻度尺的 0 线是否对齐。若对不齐说明卡口有零误差,应记下零点读数,用以修正测量值。

②推动游标刻度尺时,不要用力过猛,卡住被测物体时松紧应适当,更不能卡住物体后再移动物体,以防卡口受损。

③用完后两卡口要留有间隙,然后将游标卡尺放入包装盒内,不能随便放在桌上,更不能放在潮湿的地方。

④使用千分尺时,应避免固定测砧和测微螺杆挤压过紧损坏精密螺纹。

六、思考题

①游标卡尺的精度如何计算?

②千分尺的零点读数,如何区分正负?

③何谓仪器的分度数值?米尺、20 分度游标卡尺和螺旋测微器的分度数值各为多少?如果用它们测量一个物体的长度约 7 cm,问每个待测量能读得几位有效数字?

④游标刻度尺上 30 个分格与主刻度尺 29 个分格等长,问这种游标尺的分度数值为多少?

实验二　扭摆法测定刚体转动惯量

转动惯量是刚体转动惯性大小的量度,是表明刚体特性的一个物理量。刚体转动惯量的大小与刚体的质量有关,与刚体转动时转轴的位置有关,与刚体的质量分布(即形状、大小和密度分布)有关。如果刚体形状简单,且质量分布均匀,可以直接计算出它绕特定转轴的转动惯量。对于形状复杂,质量分布不均匀的刚体,计算较复杂,通常采用实验方法来测定,例如机械部件、电动机转子和枪炮的弹丸等。

转动惯量的测量,一般都是使刚体以一定形式转动,通过表征这种转动特征的物理量与转动惯量的关系,进行转换测量。本实验使刚体作扭转摆,由摆动周期及其他参量的测定计算出物体的转动惯量。

一、实验目的

①用扭摆测定几种不同形状物体的转动惯量和弹簧的扭转常数,并与理论值进行比较。
②验证转动惯量平行轴定理。

二、实验仪器

本实验主要仪器有扭摆、转动惯量测试仪、待测物体。

(1)扭摆及几种待测转动惯量的物体
空心金属圆柱体、实心塑料圆柱体、金属细杆,两块金属滑块。

(2)转动惯量测试仪
转动惯量测试仪由主机和光电传感器两部分组成。

①主机:采用新型的单片机做控制系统,用于测量物体转动和摆动的周期以及旋转体的转速,能自动记录、存贮多组实验数据并能够精确地计算多组实验数据的平均值。

②光电传感器:主要由红外发射管和红外接收管组成,将光信号转换为脉冲电信号,送入主机工作。因人眼无法直接观察仪器工作是否正常,但可用遮光物体往返遮挡光电探头发射光束通路,检查计时器是否开始计数和到预定周期数时是否停止计数。为防止过强光线对光探头的影响,光电探不能置放在强光下,实验时采用窗帘遮光,确保计时的准确。

(3)仪器使用方法
①调节光电传感器在固定支架上的高度,使被测物体上的挡光杆能自由往返地通过光电门,再将光电传感器的信号传输线插入主机输入端(位于测试仪背面)。

②开启主机电源,摆动指示灯亮,参数指示为"P_1、数据显示为'----'"。

③本实验所用机器默认扭摆的周期数为10,如要更改,可参照仪器使用说明3,重新设定。更改后的周期数不具有记忆功能,一旦切断电源或按"复位"键,便恢复原来的默认周期数。

④按"执行"键,数据显示为"000.0",表示仪器已处在等待测量状态,此时,当被测的往复摆动物体上的挡光杆第一次通过光电门时,由"数据显示"给出累计的时间,同时仪器自行计算周期 C_1 予以存储,以供查询和多次测量求平均值,至此,P_1(第一次测量)测量完毕。

⑤按"执行"键,"P_1"变为"P_2",数据显示又回到"000.0",仪器处在第二次待测状态,本机设定重复测量的最多次数为5次,即($P_1,P_2,\cdots,P_5$)。通过"查询"键可知各次测量的周期值 $C_I(I=1,2,\cdots,5)$ 以及它们的平均值 C_A。

三、实验原理

扭摆的构造如图3.2.1所示,在垂直轴1上装有一根薄片状的螺旋弹簧2,用以产生恢复力矩。在轴的上方可以装上各种待测物体。垂直轴与支座间装有轴承,以降低摩擦力矩。3为水平仪,用来调整系统平衡。

将物体在水平面内转过一角度 θ 时所用外力矩为

$$M_外 = K\theta \qquad (3.2.1)$$

在弹簧的恢复力矩(与外力矩等大反向)的作用下,物体就开始绕垂直轴做往返扭摆运动。弹簧受扭转而产生的恢复力矩 M 与所转过的角度 θ 成正比,即

$$M = -K\theta \qquad (3.2.2)$$

式中 K——弹簧的扭转常数。

根据转动定律,有

$$M = I\beta \qquad (3.2.3)$$

式中 I——物体绕转轴的转动惯量;

$\quad\quad \beta$——角加速度。

由式(3.2.3)得

$$\beta = \frac{M}{I} \qquad (3.2.4)$$

令 $\omega^2 = \dfrac{K}{I}$,忽略轴承的摩擦力矩,由式(3.2.2)、式(3.2.4)得

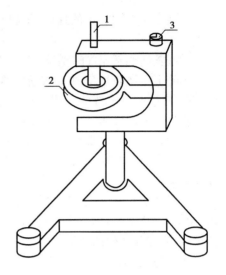

图 3.2.1 扭摆结构图
1—垂直轴;2—螺旋弹簧;3—水平仪

$$\beta = \frac{\mathrm{d}^2\theta}{\mathrm{d}t^2} = -\frac{K}{I}\theta = -\omega^2\theta \qquad (3.2.5)$$

式(3.2.5)表示扭摆运动具有简谐振动的特性,角加速度与角位移成正比,且方向相反。此方程的解为

$$\theta = A\cos(\omega t + \phi) \qquad (3.2.6)$$

式中 A——简谐振动的振幅;

$\quad\quad \phi$——初相位角;

$\quad\quad \omega$——角速度。

此简谐振动的周期为

$$T = \frac{2\pi}{\omega} = 2\pi\sqrt{\frac{I}{K}} \qquad (3.2.7)$$

由式(3.2.7)可知,只要实验测得物体扭摆的摆动周期,并已知 I 和 K 中任何一个量,即可计算出另一个量。

本实验用的是几何形状规则的物体,它的转动惯量可以根据它的质量和几何尺寸用公式直接计算得到,再算出本仪器弹簧的 K 值。若要测定其他形状物体的转动惯量,只需将待测物体安放在本仪器顶部的各种夹具上,测定其摆动周期,由式(3.2.7)即可算出该物体绕转动轴的转动惯量。

理论分析证明,若质量为 m 的物体绕质心轴的转动惯量为 I_0 时,当转轴平行移动距离 X 时,则此物体对新轴线的转动惯量变为 I_0+mX^2,称为转动惯量的平行轴定理。

四、实验内容与步骤

熟悉扭摆的构造及使用方法,以及转动惯量测试仪的使用方法。测定扭摆的仪器常数(弹簧的扭转常数)K。测定塑料圆柱、金属圆筒与金属细杆的转动惯量。并与理论值比较,求百分误差。变滑块在金属细杆上的位置,验证转动惯量的平行轴定理。实验步骤如下:

①测出塑料圆柱体的外径、金属圆筒的内径、外径、金属细杆长度及各物体质量(各测量 3 次)。

②调整扭摆基座底脚螺丝,使水平仪的气泡位于中心位置。

③装上金属载物盘,并调整光电探头的位置使载物盘上的挡光杆处于其缺口中央且能遮住发射、接收红外光线的小孔。测定扭摆周期 T_0。

④将塑料圆柱体垂直放在载物盘上,测定摆动周期 T_1。

⑤用金属圆筒代替塑料圆柱体,测定摆动周期 T_2。

⑥取下金属载物盘,装上金属细杆(金属细杆中心必须与转轴重合)测定摆动周期 T_3(在计算金属细杆的转动惯量时,应扣除支架的转动惯量)。

⑦将滑块对称放置在细杆两边的凹槽内,此时滑块质心离转轴的距离分别为 5.00, 10.00, 15.00, 20.00, 25.00 cm,测定摆动周期 T。验证转动惯量的平行轴定理(在计算转动惯量时,应扣除支架的转动惯量)。

⑧填写表 3.2.1 和表 3.2.2,并计算转动惯量。

表 3.2.1 转动惯量数据记录表

物体名称	质量 /kg	几何尺寸 /10^{-2} m	周期/s		转动惯量理论值 /10^{-4} kg·m²	实验值 /10^{-4} kg·m²	百分差
金属载物盘			T_0			$I_0 = \dfrac{I_1' T_0^2}{T_1^2 - T_0^2}$	
			$\overline{T}_0$				
塑料圆柱		D_1	T_1		$I_1' = \dfrac{1}{8}mD_1^2$	$I_1 = \dfrac{KT_1^2}{4\pi^2} - I_0$	
		$\overline{D}_1$	$\overline{T}_1$				
金属圆柱		$D_{外}$	T_2		$I_2' = \dfrac{1}{8}m(D_外^2 + D_内^2)$	$I_2 = \dfrac{KT_2^2}{4\pi^2} - I_0$	
		$\overline{D}_{外}$					
		$D_{内}$					
		$\overline{D}_{内}$	$\overline{T}_2$				
金属细杆		L	T_3		$I_3' = \dfrac{1}{12}mL^2$	$I_3 = \dfrac{KT_3^2}{4\pi^2} - I_{夹具}$	
		$\overline{L}$	$\overline{T}_3$				

表 3.2.2　验证平行轴定理数据记录表

$X/10^{-2}$ m	5.00	10.00	15.00	20.00	25.00
扭摆周期 T/s					
$\bar{T}/\text{s}$					
实验值/10^{-4} kg·m^2 $I = \dfrac{K}{4\pi^2}T^2 - I_{夹具}$					
理论值/10^{-4} kg·m^2 $I' = I'_3 + 2mx^2 + I'_4$					
百分差(相对误差)					

在表 3.2.1 中,I_0 由式(3.2.7)推出:

单独载物盘时

$$K = 4\pi^2\frac{I_0}{T_0^2} \tag{3.2.8}$$

载物盘和塑料圆柱时

$$K = 4\pi^2\frac{I_0 + I'_1}{T_1^2} \tag{3.2.9}$$

K 由 $I_1(I_1 = I_0 + I'_1)$ 推出得

$$K = 4\pi^2\frac{I'_1}{T_1^2 - T_0^2} \tag{3.2.10}$$

五、注意事项

①由于弹簧的扭转常数 K 值不是固定常数,它与摆动角度略有关系,摆角在 90° 左右基本相同,在小角度时变小。

②为了降低实验时由于摆动角度变化过大带来的系统误差,在测定各种物体的摆动周期时,摆角不宜过小,摆幅也不宜变化过大。

③光电探头宜放置在挡光杆平衡位置处,挡光杆不能和它相接触,以免增大摩擦力矩。

④机座应保持水平状态。

⑤在安装待测物体时,其支架必须全部套入扭摆主轴,并将止动螺丝旋紧,否则扭摆不能正常工作。

⑥在称金属细杆的质量时,必须将支架取下,否则会带来极大误差。

六、思考题

①物体的转动惯量与哪些因素有关?

②在待测的金属圆柱和塑料圆柱的半径都大于游标卡尺测量口深度的情况下,能用什么方法准确测量出两者的直径?

③在实验操作中,应将待测物的初始摆角取多大?

④在测量摆杆质量时,为什么必须去掉夹头?

⑤在测摆杆转动惯量的操作中,用摆杆端头挡光与用夹头上的挡光杆挡光,二者有无区别?

⑥若圆环的外径与圆盘的直径相等,而且质量相同,二者的转动惯量相同吗?为什么?

⑦分析导致转动惯量的实验值与理论值不一致的因素。

七、补充说明

细杆夹具转动惯量实验值

$$I_{夹具} = \frac{K}{4\pi^2}T^2 - I_0 = \frac{3.567 \times 10^{-2}}{4\pi^2} \times (0.741)^2 \text{ kg} \cdot \text{m}^2 - 4.929 \times 10^{-4} \text{ kg} \cdot \text{m}^2$$
$$= 0.321 \times 10^{-5} \text{ kg} \cdot \text{m}^2$$

球支座转动惯量实验值

$$I_{支座} = \frac{K}{4\pi^2}T^2 - I_0 = \frac{3.567 \times 10^{-2}}{4\pi^2} \times (0.740)^2 \text{ kg} \cdot \text{m}^2 - 4.929 \times 10^{-4} \text{ kg} \cdot \text{m}^2$$
$$= 0.187 \times 10^{-5} \text{ kg} \cdot \text{m}^2$$

二滑块通过滑块质心轴的转动惯量理论值

$$I_4' = 2\left[\frac{R_外^2 + R_内^2}{4}m + \frac{ml^2}{12}\right]$$
$$= 2\left[\frac{(1.746^2 + 0.3^2) \times 10^{-4}}{4} \times 239 \times 10^{-3} + \frac{239 \times 10^{-3} \times 3.3^2 \times 10^{-4}}{12}\right] \text{ kg} \cdot \text{m}^2$$
$$= 0.809 \times 10^{-4} \text{ kg} \cdot \text{m}^2$$

测单个滑块与载物盘的摆动周期 $T = 0.767$ s 可得到

$$I = \frac{K}{4\pi^2}T^2 - I_0 = \frac{3.567 \times 10^{-2}}{4\pi^2} \times 0.767^2 - 4.929 \times 10^{-4} = 0.392 \times 10^{-4} \text{ kg} \cdot \text{m}^2$$

$$I_4 = 2I = 0.784 \times 10^{-4} \text{ kg} \cdot \text{m}^2$$

实验三　三线摆

测量刚体转动惯量的方法有多种,在上一节实验中,我们采用了扭摆法测定刚体的转动惯量,这一节中,我们拟采用三线摆来进行测定。三线摆法也是具有较好物理思想的实验方法,它具有设备简单、直观、测试方便等优点。

一、实验目的

①学会用三线摆测定物体的转动惯量。
②学会用累积放大法测量周期运动的周期。
③验证转动惯量的平行轴定理。

二、实验仪器

①三线摆转动惯量实验仪。
②FB213A 型数显计时计数毫秒仪。
③米尺、游标卡尺、物理天平、待测物体等。

三、实验原理

图 3.3.1 是三线摆实验装置的示意图。上、下圆盘均处于水平,悬挂在横梁上。3 个对称分布的等长悬线将两圆盘相连。上圆盘固定,下圆盘可绕中心轴 OO' 做扭摆运动。当下盘转动角度很小,且略去空气阻力时,扭摆的运动可近似看作简谐运动。根据能量守恒定律和刚体转动定律均可以导出物体绕中心轴 OO' 的转动惯量(推导过程见本实验的补充说明)。

图 3.3.1　三线摆转动惯量实验仪

$$I_0 = \frac{m_0 g R r}{4\pi^2 H_0} \cdot T_0^2 \tag{3.3.1}$$

式中　m_0——下盘的质量;

　　　r, R——上下悬点离各自圆盘中心的距离;

　　　H_0——平衡时上下盘间的垂直距离;

　　　T_0——下盘作简谐运动的周期;

　　　g——重力加速度。参考值 $g = 9.793\ \mathrm{m/s^2}$。

将质量为 m 的待测物体放在下盘上,并使待测刚体的转轴与 OO' 轴重合。测出此时三线摆运动周期 T_1 和上下圆盘间的垂直距离 H。即可求得待测刚体和下圆盘对中心转轴 OO' 的总转动惯量为

$$I_1 = \frac{(m_0 + m) g R r}{4\pi^2 H} \cdot T_1^2 \tag{3.3.2}$$

如不计因重量变化而引起的悬线伸长,则有 $H \approx H_0$。那么,待测物体绕中心轴的转动惯量为

$$I = I_1 - I_0 = \frac{g R r}{4\pi^2 H} \cdot \left[(m + m_0) T_1^2 - m_0 T_0^2 \right] \tag{3.3.3}$$

因此,通过长度、质量和周期的测量,便可求出刚体绕某轴的转动惯量。

用三线摆法还可以验证平行轴定理。若质量为 m 的物体绕通过其质心轴的转动惯量为 I_C,当转轴平行移动距离 x 时(图 3.3.2),则此物体对新轴 OO' 的转动惯量为

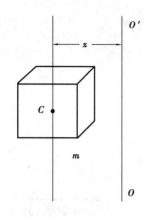

图 3.3.2　平行轴定理

$$I_{OO'} = I_C + mx^2 \quad\quad (3.3.4)$$

这一结论称为转动惯量的平行轴定理。

实验时将质量均为 m'，形状和质量分布完全相同的两个圆柱体对称地放置在下圆盘上（下盘有对称的两个小孔）。按同样的方法，测出两小圆柱体和下盘绕中心轴 OO' 的转动周期 T_x，则可求出每个柱体对中心转轴 OO' 的转动惯量

$$I_x = \frac{1}{2} \times \left[\frac{(m_0 + 2m') \cdot g \cdot R \cdot r}{4\pi^2 \cdot H} \cdot T_x^2 - I_0 \right] \quad (3.3.5)$$

如果测出小圆柱中心与下圆盘中心之间的距离 x 以及小圆柱体的半径 R_x，则由平行轴定理可求得

$$I'_x = m' \cdot x^2 + \frac{1}{2} m' \cdot R_x^2 \quad\quad (3.3.6)$$

比较 I_x 与 I'_x 的大小，可验证平行轴定理。

四、实验内容与步骤

实验采用三线摆测定圆环对通过其质心且垂直于环面轴的转动惯量，并用三线摆的测量结果来验证平行轴定理。

实验步骤要点如下：

（1）调整三线摆装置

①先观察上圆盘上的水准器，调节底板上 3 个调节螺钉，使上圆盘处于水平状态。

②利用上圆盘上的 3 个调节螺钉，观察下圆盘中心的水准器，把下圆盘调到水平状态。这时候三悬线必然等长，固定紧定螺钉。

③适当调整光电传感器安装位置，使下圆盘边上的挡光杆能自由往返通过光电门槽口。

（2）测量周期 T_0 和 T_1、T_x

①接通 FB213A 型数显计时计数毫秒仪的电源，把光电接收装置与毫秒仪连接。合上毫秒仪电源开关，预置"摆动"周期，测量次数为 20（N 次），也可根据实验需要从 1～99 次任意设置。

②设置计数次数时，可分别按"置数"键的十位或个位按钮进行调节（注意数字调节只能按进位操作），设置完成后自动保持设置值，直到再次改变设置为止。

③在下圆盘处于静止状态下，拨动上圆盘的"转动手柄"，将上圆盘转过一个小角度（5°左右），带动下圆盘绕中心轴 OO' 做微小扭摆运动。摆动若干次后，按毫秒仪上的"执行"键，毫秒仪开始计时，每计量一个周期，周期显示数值自动逐 1 递减，直到递减为 0 时，计时结束，毫秒仪显示出累计 20 个（N 个）周期的时间（说明：毫秒仪计时范围：0～99.999 s，分辨率为 1 ms）重复以上测量 5 次，将数据记录到表 3.3.1 中。如此测 5 次，进行下一次测量时，测试仪要先按"返回"键。

④将圆环放在下圆盘上，使两者的中心轴线相重叠，按③的方法测定摆动周期 T_1。

⑤将两小圆柱体对称放置在下圆盘上,用上述同样方法测定摆动周期 T_x。

⑥测出上下圆盘三悬点之间的距离 a 和 b,然后算出悬点到中心的距离 r 和 R(等边三角形外接圆半径)。

⑦其他物理量的测量:用米尺测出上下两圆盘之间的垂直距离 H_0 和放置两小圆柱体小孔间距 $2x$;用游标卡尺量出待测圆环的内、外径 $2R_1$、$2R_2$ 和小圆柱体的直径 $2R_x$。记录各刚体的质量。

(3) 数据记录

①实验数据记录:记录并计算以下物理量的数值,并完成表3.3.1—表3.3.3。

$r=\dfrac{\sqrt{3}}{3}a=$　　　　　　$R=\dfrac{\sqrt{3}}{3}b=$　　　　　　$H_0=$

下盘质量 $m_0=1.142$ kg　　待测圆环质量 $m=$　　　　　　圆柱体质量 $m'=$

表 3.3.1　累积法测周期数据记录表格

	下　盘		下盘加圆环		下盘加两圆柱	
摆动 20 次所需时间 /s	1		1		1	
	2		2		2	
	3		3		3	
	4		4		4	
	5		5		5	
	平均		平均		平均	
周期/s	$T_0=$		$T_1=$		$T_x=$	

表 3.3.2　有关长度多次测量数据记录表格

项目 次数	上盘悬孔间距 a /cm	下盘悬孔间距 b /cm	待测圆环		小圆柱体直径 $2R_x$/cm	放置小圆柱体 两小孔间距 $2x$/cm
			外直径 $2R_1$/cm	内直径 $2R_2$/cm		
1						
2						
3						
4						
5						
平均						

表 3.3.3　平行轴定理验证数据记录表格

次数＼项目	小孔间距 $2x$/m	周期 T_x/s	实验值/(kg·m²) $I_x = \dfrac{1}{2}\left[\dfrac{(m_0 + 2m')gRr}{4\pi^2 H} \cdot T_x^2 - I_0\right]$	理论值/(kg·m²) $I_x' = m'x^2 + \dfrac{1}{2}m'R_x^2$	相对误差
1					
2					
3					
4					
5					

②由以上实验结果计算出圆环的转动惯量实验值,并与理论计算值比较,求相对误差并进行讨论。已知理想圆环绕中心轴转动惯量的计算公式为:

$$I_{理论圆环} = \frac{m}{2}(R_1^2 + R_2^2) \tag{3.3.7}$$

③将圆柱体绕中心轴的转动惯量与理论计算值相比较,验证平行轴定理。

五、思考题

①用三线摆测刚体转动惯量时,为什么必须保持下盘水平?

②在测量过程中,如下盘出现晃动,对周期测量有影响吗? 如有影响,应如何避免之?

③三线摆放上待测物后,其摆动周期是否一定比空盘的转动周期大? 为什么?

④测量圆环的转动惯量时,若圆环的转轴与下盘转轴不重合,对实验结果有何影响?

⑤如何利用三线摆测定任意形状的物体绕某轴的转动惯量?

⑥三线摆在摆动中受空气阻尼,振幅越来越小,它的周期是否会变化? 对测量结果影响大吗? 为什么?

六、补充说明

(1)转动惯量测量式(3.3.1)的推导

当下盘扭转摆动,转角 θ 很小时,其摆动是一个简谐振动,运动方程为

$$\theta = \theta_0 \sin\frac{2\pi}{T_0}t \tag{3.3.8}$$

当摆离开平衡位置最远时,其重心升高 h,根据机械能守恒定律有

$$\frac{1}{2}I\omega_0^2 = mgh \tag{3.3.9}$$

即

$$I = \frac{2mgh}{\omega_0^2} \tag{3.3.10}$$

而

$$\omega = \frac{\mathrm{d}\theta}{\mathrm{d}t} = \frac{2\pi\theta_0}{T_0}\cos\frac{2\pi}{T_0}t \qquad (3.3.11)$$

当 $t = 0$ 时,有

$$\omega_0 = \frac{2\pi\theta_0}{T_0} \qquad (3.3.12)$$

将式(3.3.12)代入式(3.3.10)得

$$I = \frac{mghT_0^2}{2\pi^2\theta_0^2} \qquad (3.3.13)$$

从图3.3.3中的几何关系中可得

$$(H - h)^2 + (R^2 + r^2 - 2Rr\cos\theta_0) = l^2 = H^2 + (R - r)^2 \qquad (3.3.14)$$

简化得

$$Hh - \frac{h^2}{2} = Rr(1 - \cos\theta_0) \qquad (3.3.15)$$

略去 $\frac{h^2}{2}$,且取 $1 - \cos\theta_0 \approx \frac{\theta_0^2}{2}$,则有 $h = \frac{Rr\theta_0^2}{2H}$ 代入式

(3.3.13)得

$$I = \frac{mgRr}{4\pi^2H}T_0^2 \qquad (3.3.16)$$

由此得到式(3.3.1)。

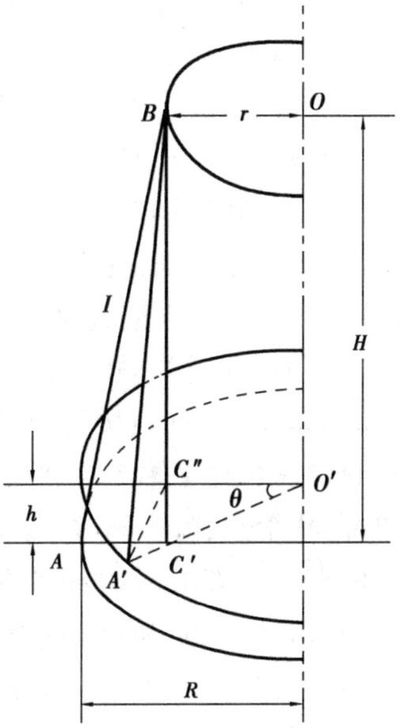

图 3.3.3　式(3.3.1)的推导示意图

（2）FB213A 型数显计时计数毫秒仪使用说明

①FB213A 型数显计时计数毫秒仪(图3.3.4)采用编程单片机,具有多功能计时、存储和查询功能。可用于单摆、气垫导轨、马达转速测量及车辆运动速度测量等诸多与计时相关的实验。

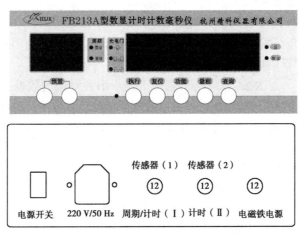

图 3.3.4　FB213A 型数显计时计数毫秒仪

②该毫秒仪通用性强,可以与多种传感器连接,用不同的传感器控制毫秒仪的启动和停止,从而适应不同实验条件下计时的需要。

③毫秒仪"量程"按钮可根据实验需要切换二挡:S(99.999 s 分辨率 1 ms);mS(9.999 9 s 分辨率 0.1 ms),对应的指示灯点亮。

④毫秒仪"功能"按钮可根据实验需要切换 5 个功能。

a. 计时:$\sqcap$ 单 U 计时、$\overline{\sqcap\sqcap\sqcap}_{t\ t\ t}$ 双 U 计时、$\overline{\sqcap\sqcap}_{t}$ 双计时。

b. 周期:摆动(用于单摆、三线摆、扭摆等实验);转动(用于简谐运动、转动等实验)。转换至某个功能下,该功能对应的指示灯点亮。

切换到二种"周期",图 3.3.4 中左窗口二位数码管点亮,可"预置"测量周期个数并显示,随计数进程逐次递减至"1",计数停止,恢复显示预置数。

切换到三种"计时",左窗口二位数码管熄灭。

⑤在二种"周期"方式下:按"执行"键,"执行"工作指示灯亮(等待测量状态),由传感器启动测量,灯光闪烁,表示毫秒仪进入测量状态。在每个周期结束时,显示并存贮该周期对应的时间值,在预设周期数执行完后,显示并存贮总时间值,然后退出执行状态。

⑥三种"计时"方式的符号意义。

a. $\sqcap$ 单 U 计时:按"执行"键,执行灯亮(等待测量状态),当 U 形挡光片从单个光电门通过,执行灯灭,存下第 1 个通过时间数据,按相同步骤可存下第 2 个数据、第 3 个数据等。一共可存 20 个数据,存满后,若继续操作下去,将从第 1 个数据起,逐个被覆盖。

b. $\overline{\sqcap\sqcap\sqcap}_{t\ t\ t}$ 双 U 计时:按"执行"键,执行灯亮,当 U 形挡光片从第 1 光电门通过,显示其通过时间的第 1 个数据,执行灯开始闪烁,U 形挡光片移动到第 2 光电门,显示第 1 至 2 光电门间通过时间的第 2 个数据,再从第 2 光电门通过,显示其通过时间的第 3 个数据,执行灯灭;查询时:1 显示 t_1 时间,2 显示 t_2 时间,3 显示 t_3 时间,4 显示 t_1 速度(5 cm/ms),5 显示 t_3 速度(5 cm/ms)。

c. $\overline{\sqcap\sqcap}_{t}$ 双计时:按"执行"键,执行灯亮,当 U 形挡光片入第 1 光电门移至第 2 光电门,显示第 1 至 2 光电门间通过时间。

注意:双 U 计时和双计时方式,须把毫秒仪背后第 1、2 传感器插头互换插座插(小车先通过传感器 2,再通过传感器 1)。

⑦毫秒仪"查询"按钮可查询 5 个功能工作方式下存贮数据。

a. 在"周期"方式下,逐次按"查询"键,则依次显示出各周期对应的时间值,在最后周期显示出总时间值,在预设周期完后,则停止查询。

b. 在"计时"方式下,逐次按"查询"键,则依次显示出各对应的数据:其中双 U 计时方式可查询 4 组存贮数据,每组 5 个(如在按执行键后发现周期窗口有数值,按复位后再按执行键)。

查询完毕后,一定要按下复位键退出查询。在查询时可按量程键得到更高的分辨率的数值。

⑧同时按"复位"和"功能"键 5 s 以上,则存贮的数据全部清零。但仍然保留预设周期数(直至重新设置新的周期数值才会改变)。

⑨周期方式或计时方式在执行中,均可按"复位"键退出执行。

⑩断电后保留上次执行功能。

实验四 声速的测定

声波是一种在弹性媒质中传播的机械波。声波在媒质中传播时,声速、声衰减等诸多参量都和媒质的特性与状态有关,通过测量这些声学量可以探知媒质的特性及状态变化。例如,通过测量声速可求出固体的弹性模量及气体、液体的比重、成分等参量。

在同一媒质中,声速基本与频率无关。例如,在空气中,频率从 20 Hz 变化到 8 万 Hz,声速变化不到万分之二。空气中的声波是纵波。纵波的特点:质点振动位移与传播方向一致。因此,在纵波传播的媒质内,密度发生稠密(压缩)与稀疏(膨胀)的变化。对声波特性的测量和研究是声学技术的重要内容,对声速的测量在定位、探伤、测距等应用中具有重要意义。

一、实验目的

①了解超声换能器的工作原理和功能。
②学习不同方法测定声速的原理和技术。
③熟悉测量仪和示波器的调节使用。
④测定声波在空气中的传播速度。

二、实验仪器

(1) 示波器
示波器能把肉眼看不见的电信号变换成可见图像。

(2) ZKY-SS 型声速测定实验仪
声速测定实验仪主要是由两只相同的压电陶瓷换能器组成,下面对压电陶瓷换能器做以下介绍:

压电材料受到与极化方向一致的应力 F 时,在极化方向上会产生一定的电场 E。它们之间有线性关系

$$E = gF \tag{3.4.1}$$

反之,当在压电材料的极化方向上加电压 E 时,材料的伸缩形变 S 与电压 E 也有线性关系

$$S = aE \tag{3.4.2}$$

比例系数 g、a 称为压电常数,它与材料性质有关。

本实验采用压电陶瓷超声换能器将实验仪输出的正弦振荡电信号转换成超声振动。压电陶瓷片是换能器的工作物质,它是用多晶体结构的压电材料(如钛酸钡、锆钛酸铅等)在一定的温度下经极化处理制成的。在压电陶瓷片的前后表面粘贴上两块金属组成的夹心型振子,就构成了换能器。由于振子是以纵向长度的伸缩,直接带动头部金属作同样纵向长度伸缩,这样所发射的声波,方向性强,平面性好。每一只换能器都有其固有的谐振频率,换能器只有在其谐振频率,才能有效地发射(或接收)。实验时用一个换能器作为发射器,另一个作为接收器,两换能器的表面互相平行,且谐振频率匹配。

本实验所用仪器使用的压电换能器谐振频率为 (35 ± 3) kHz。

实验仪由超声实验装置和声速测定信号源组成,实验时,需再外接一个双踪示波器,如图 3.4.1 所示。

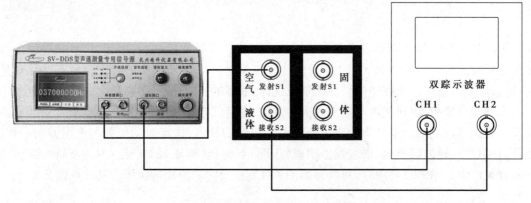

（a)共振干涉法、相位法测量连接图

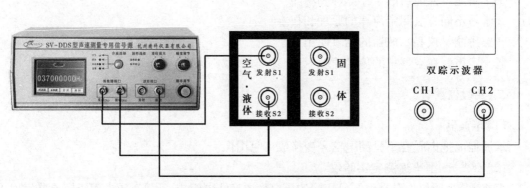

（b)时差法(空气、液体)测量连接图

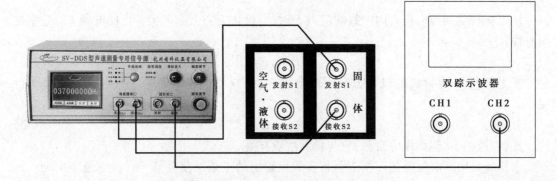

（c)时差法(固体)测量连接

图 3.4.1　声速测定实验连接图

超声实验装置中发射器固定,摇动丝杆摇柄可使接收器前后移动,以改变发射器与接收器的距离。丝杆上方安装有数字游标尺,可准确显示位移量。整个装置可方便地装入或拿出水槽。

声速测定信号源具有选择、调节、输出超声发射器驱动信号,接收、处理超声接收器信号,显示相关参数,提供发射监测和接收监测端口连接到示波器等其他仪器等功能。

三、实验原理

声速的测量方法可分为两类。

第一类方法是直接根据关系式

$$u = \frac{S}{t} \tag{3.4.3}$$

测出传播距离 S 和所需时间 t 后即可算出声速,称为"时差法"。

第二类方法是利用波长频率波速关系式

$$u = f \cdot \lambda \tag{3.4.4}$$

测量出频率 f 和波长 λ 来计算出声速,测量波长时又可用"共振干涉法"或"相位比较法"。

(1)共振干涉(驻波)法测声速

到达接收器的声波,一部分被接收并在接收器电极上有电压输出,一部分向发射器方向反射。由波的干涉理论可知,两列相向传播的同频率波干涉将形成驻波,驻波中振幅最大的点称为波腹,振幅最小的点称为波节,任何两个相邻波腹(或两个相邻波节)之间的距离都等于半个波长。改变两只换能器间的距离,同时用示波器监测接收器上的输出电压幅度变化,可观察到电压幅度随距离周期性的变化。记录下相邻两次出现最大电压数值(振幅极值)时游标尺的读数。两读数之差的绝对值应等于声波波长的 $1/2$,即

$$\Delta L_{i,i+1} = \frac{\lambda}{2} \tag{3.4.5}$$

已知声波频率并测出波长,即可计算声速

$$u = 2f\Delta L_{i,i+1} \tag{3.4.6}$$

实际测量中为提高测量精度,可连续多次测量并用逐差法处理数据,连续记录 n 次出现振幅极值的游标尺读数 L_{i+1},计算 n 个相邻位置间的距离为

$$\Delta L_{i+n,i} = L_{i+n} - L_i \tag{3.4.7}$$

由于两相邻距离为半波长,声速的计算公式应为

$$u = \frac{2f\Delta L_{i+n,i}}{n} \tag{3.4.8}$$

(2)相位比较(行波)法测声速

当发射器与接收器之间距离为 L 时,在发射器驱动正弦信号与接收器接收到的正弦信号之间将有相位差且满足

$$\Phi = \frac{2\pi L}{\lambda} = 2\pi n + \Delta\Phi \tag{3.4.9}$$

若将发射器驱动正弦信号与接收器接收到的正弦信号分别接到示波器的 X 及 Y 输入端,则相互垂直的同频率正弦波干涉,其合成轨迹称为李萨如图,如图 3.4.2 所示。

当接收器和发射器的距离变化等于一个波长时,则发射与接收信号之间的相位差也正好变化一个周期(即 $\Delta\Phi = 2\pi$),相同的图形就会出现。如果示波器上的图形重复出现 n 次时,对应距离的改变量为

$$\Delta L_{i+n,i} = L_{i+n} - L_i = n\lambda \tag{3.4.10}$$

那么声速表达式为

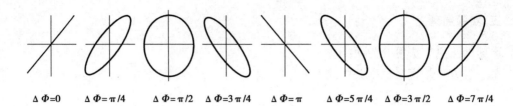

$\Delta\Phi=0$ $\Delta\Phi=\pi/4$ $\Delta\Phi=\pi/2$ $\Delta\Phi=3\pi/4$ $\Delta\Phi=\pi$ $\Delta\Phi=5\pi/4$ $\Delta\Phi=3\pi/2$ $\Delta\Phi=7\pi/4$

图 3.4.2 相位差不同时的李萨如图

$$u = \frac{f\Delta L_{i+n,i}}{n} \tag{3.4.11}$$

在此要特别注意,两个周期之间出现同一的图形称为特征图形,特征图形不能任意选取,否则很容易增大误差。选择直线为特征图形可以减小误差(由图 3.4.2 就可以看出)。

(3)时差法测量声速

若以脉冲调制正弦信号输入到发射器,使其发出脉冲声波,经时间 t 后到达距离 L 处的接收器。接收器接收到脉冲信号后,能量逐渐积累,振幅逐渐加大,脉冲信号过后,接收器作衰减振荡,如图 3.4.3 所示。t 可由测量仪自动测量,也可从示波器上读出。实验者测出 L 后,即可由式(3.4.12)计算声速。

$$u = \frac{L}{t} \tag{3.4.12}$$

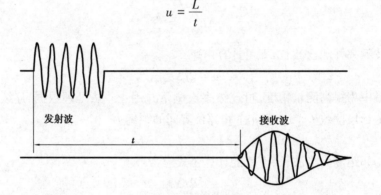

发射波   接收波

t

图 3.4.3 时差的测量

(4)理想气体中的声速值

声波在理想气体中的传播可以认为是绝热过程,由热力学理论可导出速度为

$$u = \sqrt{\frac{\gamma R T_\mathrm{K}}{\mu}} \tag{3.4.13}$$

式中 R——摩尔气体常数($R=8.314\ \mathrm{J/mol \cdot K}$);

        γ——比热容比(气体的定压比热容与定容比热容之比);

        μ——分子量;

        T_K——气体的开氏温度,若以摄氏温度 t 计算,则

$$T_\mathrm{K} = T_0 + t \tag{3.4.14}$$

其中 $T_0 = 273.15\ \mathrm{K}$。将式(3.4.14)代入式(3.4.13)得

$$u = \sqrt{\frac{\gamma R}{\mu}(T_0 + t)} = \sqrt{\frac{\gamma R T_0}{\mu}\left(1 + \frac{t}{T_0}\right)} = u_0\sqrt{1 + \frac{t}{T_0}} \tag{3.4.15}$$

对于空气,在标准大气压下,$t=0$ ℃时,$u_0=331.45$ m/s,因此有

$$u = 331.45\sqrt{1 + \frac{t}{T_0}} \tag{3.4.16}$$

四、实验内容与步骤

(1)用共振干涉法测量空气中的声速

①采用测试仪下部一对压电换能器,将实验装置与信号源按图 3.4.1(a)连接,将接收监测端口连接到示波器的 Y 输入端,开机预热几分钟。

②将测试方法设置到连续正弦波信号方式,在换能器谐振频率(约为(35±3)kHz)附近调节信号源频率调节旋钮,当示波器监测到的接收信号振幅最大时,记录下此时谐振频率 f_0,此后实验中保持该频率不变。

③摇动超声实验装置丝杆摇柄,在发射器与接收器距离为 10 cm 附近处,找到共振位置(振幅最大),作为第 1 个测量点,记录下其位置 L_1。摇动摇柄使接收器远离发射器,每到共振位置均记录位置读数,共记录 10 组数据于表 3.4.1 中。

④用逐差法处理这 10 个数据,即可得到波长 λ。

表 3.4.1　共振干涉法测量空气中的声速

谐振频率 $f_0=$　　kHz　温度 $t=$　　℃

测量次数 i	1	2	3	4	5	
位置 L_i/mm						平均值
测量次数 i	6	7	8	9	10	
位置 L_i/mm						
波长 λ/mm						

$u_{实验}=f_0 \cdot \lambda_{平均}=$　　　m/s

$u_{理论}=$　　　m/s

$E=\dfrac{u_{实验}-u_{理论}}{u_{理论}}=$　　　%

(2)用相位比较法测量空气中的声速

①采用测试仪下部一对压电换能器,将信号源的发射监测接到示波器的 X 输入端,使示波器工作在 X-Y 状态。

②信号源设置保持不变。

③在发射器与接收器距离为 10 cm 附近处,找到 $\Delta\Phi=0$(或 $\Delta\Phi=\pi$)的点,作为第 1 个测量点,记录下其位置 L_1。摇动摇柄使接收器远离发射器,每到 $\Delta\Phi=0$(或 $\Delta\Phi=\pi$)时均记录位置读数,共记录 10 组数据于表 3.4.2 中。

④用逐差法处理这 10 个数据,即可得到波长 λ。

表 3.4.2　相位比较法测量空气中的声速

谐振频率 $f_0 =$ 　　kHz　　温度 $t =$ 　　℃

测量次数 i	1	2	3	4	5	
位置 L_i /mm						平均值
测量次数 i	6	7	8	9	10	
位置 L_i /mm						
波长 λ /mm						

$u_{实验} = f_0 \cdot \lambda_{平均} =$ 　　m/s

$u_{理论} =$ 　　m/s

$E = \dfrac{u_{实验} - u_{理论}}{u_{理论}} =$ 　　%

（3）用相位比较法测量水中的声速

　　测量水中的声速时,将实验装置整体放入水槽中,槽中的水高于换能器顶部 $1 \sim 2$ cm。接收器移动过程中若接收信号振幅衰减较大而影响测量时,可调节示波器 Y 衰减旋钮。由于水中声波长约为空气中的 5 倍,为缩短行程,可在 $\Delta \Phi = 0, \pi$ 处均进行测量,共记录 8 组数据于表 3.4.3 中。

表 3.4.3　相位比较法测量水中的声速

谐振频率 $f_0 =$ 　　kHz　　温度 $t =$ 　　℃

测量次数 i	1	2	3	4	
位置 L_i /mm					平均值
测量次数 i	5	6	7	8	
位置 L_i /mm					
波长 λ /mm					

（4）用时差法测量水中的声速

　　①采用测试仪下部一对压电换能器,安装储液槽。

　　②当使用液体为介质测试声速时,向储液槽注入液体,直至液面线处,但不要超过液面线。注意:在注入液体时,不能将液体淋在仪表上,然后将储液槽装回测试仪。

　　③专用信号源上"介质选择"置于"液体"位置,换能器的连接线接至测试仪上的"空气·液体"专用插座[图 3.4.1(b)]。

　　④将测试方法设置到"时差法"脉冲波方式。将发射端和接收端之间的距离调到一定距离(≥50 mm)。调节接收增益,使示波器上显示的接收波信号幅度在 $300 \sim 400$ mV(峰−峰值),以使专用信号源工作在最佳状态。记录此时的距离值 L 和显示的时间值 t(时间由专用信号源时间显示窗口直接读出);摇动丝杆摇柄移动接收端,当时间读数增加 30 μs 时,记录下这时的距离值和显示的时间值 L_i、t_i。依次记录 11 组数据(间隔 30 μs),弃除第 1 组数据,

用逐差法计算出 30 μs 所经过的距离,代入公式,计算出声速(表3.4.4)。

⑤记录介质温度 $t(\,^{\circ}\mathrm{C}\,)$。

需要说明的是,由于声波的衰减,移动换能器使测量距离变大(这时时间也变大)时,如果测量时间值出现跳变,则应顺时针方向微调"接收放大"旋钮,以补偿信号的衰减;反之测量距离变小时,如果测量时间值出现跳变,则应逆时针方向微调"接收放大"旋钮,以使计时器能正确计时。

表 3.4.4　时差法测量水中的声速

谐振频率 $f_0=$ 　　kHz　　温度 $t=$ 　　℃

测量次数 i	1	2	3	4	5	
位置 L_i/mm						平均值
时差 $t_i/\mathrm{\mu s}$						
测量次数 i	6	7	8	9	10	
位置 L_i/mm						
时差 $t_i/\mathrm{\mu s}$						
声速 $u/(\mathrm{m \cdot s^{-1}})$						

(5)用逐差法处理数据

用不确定度表示测量结果:

$$u = \bar{u} \pm \sigma_u = \bar{u}(1 \pm E)\ \mathrm{m/s} \tag{3.4.17}$$

把实验值与理论值相互比较,找出一些规律来并加以解释。

五、注意事项

①勿使信号源输出端短路。

②禁止无目的地乱转示波器旋钮或使旋钮错位。

六、思考题

①简述示波器的使用方法。

②本实验中的超声波是如何获得的? 超声波信号能否直接用示波器观测,怎样实现?

③用驻波共振法测量超声波声速,如何测量其频率? 波长又如何测量?

④发射信号接 CH1 通道、接收信号接 CH2 通道,用驻波共振法时示波器各主要旋钮该如何调节? 用相位法时又该如何调节?

⑤固定距离,改变频率,以求声速。是否可行?

 实验五　多普勒效应综合实验

当波源和接收器之间有相对运动时,接收器接收到的波的频率与波源发出的频率不同的现象称为多普勒效应。多普勒效应在科学研究、工程技术、交通管理、医疗诊断等方面都有十分广泛的应用。例如,原子、分子和离子由于热运动使其发射和吸收的光谱线变宽,称为多普勒增宽,在天体物理和受控热核聚变实验装置中,光谱线的多普勒增宽已成为一种分析恒星大气及等离子体物理状态的重要测量和诊断手段。基于多普勒效应原理的雷达系统已广泛应用于导弹、卫星、车辆等运动目标速度的监测。在医学上利用超声波的多普勒效应来检查人体内脏的活动情况、血液的流速等。电磁波(光波)与声波(超声波)的多普勒效应原理是一致的。本实验既可研究超声波的多普勒效应,又可利用多普勒效应将超声探头作为运动传感器,研究物体的运动状态。

一、实验目的

①测量超声接收器运动速度与接收频率之间的关系,验证多普勒效应,并由 f-V 关系直线的斜率求声速。

②利用多普勒效应测量物体运动过程中多个时间点的速度,查看 V-t 关系曲线,或调阅有关测量数据,即可得出物体在运动过程中的速度变化情况,可研究:

a. 自由落体运动,并由 V-t 关系直线的斜率求重力加速度。

b. 简谐振动,可测量简谐振动的周期等参数,并与理论值比较。

c. 匀加速直线运动,测量力、质量与加速度之间的关系,验证牛顿第二定律。

d. 其他变速直线运动。

二、实验仪器

多普勒效应综合实验仪由实验仪、超声发射/接收器、红外发射/接收器、导轨、运动小车、支架、光电门、电磁铁、弹簧、滑轮、砝码及电机控制器等组成。实验仪内置微处理器,带有液晶显示屏,图 3.5.1 为实验仪的面板图。

实验仪采用菜单式操作,显示屏显示菜单及操作提示,由"▲""▼""◀""▶"键选择菜单或修改参数,按"确认"键后仪器执行。可在"查询"页面,查询到在实验时已保存的实验数据。

(1)仪器面板上两个指示灯状态介绍

①失锁警告指示灯:亮,表示频率失锁。即接收信号较弱(原因:超声接收器电量不足),此时不能进行实验,须对超声接收器充电,让该指示灯灭;灭,表示频率锁定。即接收信号能够满足实验要求,可以进行实验。

②充电指示灯:灭,表示正在快速充电;亮(绿色),表示正在涓流充电;亮(黄色),表示已经充满;亮(红色),表示已经充满或充电针未接触。

(2)电机控制器功能介绍

①电机控制器可手动控制小车变换 5 种速度。

②手动控制小车"启动",并自动控制小车倒回。

③5 只 LED 灯即可指示当前设定速度,又可根据指示灯状态反映当前电机控制器与小车之间出现的故障。

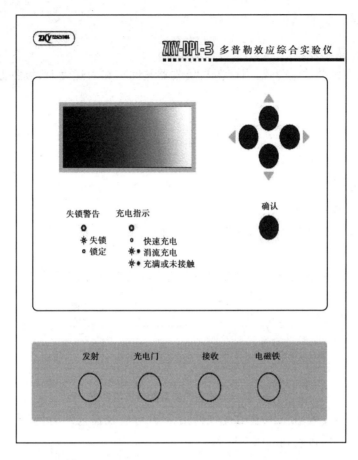

图 3.5.1　ZKY-DPL-3 多普勒效应综合实验仪面板图

表 3.5.1 为电机控制器常见的故障现象、原因及其对应的处理方法。

表 3.5.1　故障现象、原因及处理方法

故障现象	故障原因	处理方法
小车未能启动	小车尾部磁钢未处于电机控制器前端磁感应范围内	将小车移至电机控制器前端
	传送带未绷紧	调节电机控制器的位置使传送带绷紧
小车倒回后撞击电机控制器	传送带与滑轮之间有滑动	同上
5 只 LED 灯闪烁	电机控制器运转受阻(如:传送带安装过紧、外力阻碍小车运动),控制器进入保护状态	排除外在受阻因素,手动滑动小车到控制器位置,恢复正常使用

三、实验原理

(1) 超声的多普勒效应

根据声波的多普勒效应公式,当声源与接收器之间有相对运动时,接收器接收到的频率 f 为

$$f = f_0 \cdot \frac{u + v_1 \cos \alpha_1}{u - v_2 \cos \alpha_2} \tag{3.5.1}$$

式中 f_0——声源发射频率;

  u——声速;

  v_1——接收器运动速率;

  α_1——声源与接收器连线与接收器运动方向之间的夹角;

  v_2——声源运动速率;

  α_2——声源与接收器连线与声源运动方向之间的夹角(图 3.5.2)。

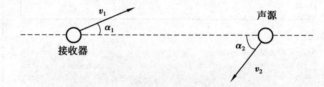

图 3.5.2　超声的多普勒效应示意图

若声源保持不动,运动物体上的接收器沿声源与接收器连线方向以速度 v 运动,则从式(3.5.1)可得接收器接收到的频率应为

$$f = f_0 \cdot \left(1 + \frac{v}{u} \right) \tag{3.5.2}$$

当接收器向着声源运动时,v 取正,反之取负。

若 f_0 保持不变,以光电门测量物体的运动速度,并由仪器对接收器接收到的频率自动计数,根据式(3.5.2),作 f-v 关系图可直观验证多普勒效应,且由实验点作直线,其斜率应为

$$k = \frac{f_0}{u} \tag{3.5.3}$$

由此可计算出声速

$$u = \frac{f_0}{k} \tag{3.5.4}$$

由式(3.5.2)可解出

$$v = u \cdot \left(\frac{f}{f_0} - 1 \right) \tag{3.5.5}$$

若已知声速 u 及声源频率 f_0,通过设置使仪器以某种时间间隔对接收器接收到的频率 f 采样计数,由微处理器依照式(3.5.5)计算出接收器运动速度,由显示屏显示 v-t 关系图,或调阅有关测量数据,即可得出物体在运动过程中的速度变化情况,进而对物体运动状况及规律进行研究。

（2）超声的红外调制与接收

早期产品中,接收器接收的超声信号由导线接入实验仪进行处理。由于超声接收器安装在运动物体上,导线的存在对运动状态有一定影响,导线的折断也会给使用带来麻烦。新仪器对接收到的超声信号采用了无线的红外调制-发射-接收方式。即用超声接收器信号对红外波进行调制后发射,固定在运动导轨一端的红外接收端接收红外信号后,再将超声信号解调出来。由于红外发射/接收的过程中信号的传输是光速,远远大于声速,它引起的多普勒效应可忽略不计。采用此技术将实验中运动部分的导线去掉,使得测量更准确,操作更方便。信号的调制-发射-接收-解调,在信号的无线传输过程中是一种常用的技术。

四、实验内容与步骤

（1）验证多普勒效应并由测量数据计算声速

让小车以不同速度通过光电门,仪器自动记录小车通过光电门时的平均运动速度及与之对应的平均接收频率。由仪器显示的 f-v 关系图可看出速度与频率的关系,若测量点成直线,符合式（3.5.2）描述的规律,即直观验证了多普勒效应。用作图法或线性回归法计算 f-v 直线的斜率 k,由 k 计算声速 u 并与声速的理论值比较,计算其百分误差。

1）仪器安装

如图 3.5.3 所示。所有需固定的附件均安装在导轨上,将小车置于导轨上,使其能沿导轨自由滑动,此时,水平超声发射器、超声接收器组件（已固定在小车上）、红外接收器在同一轴线上。将组件电缆接入实验仪的对应接口上。安装完毕后,电磁铁组件放在轨道旁边,通过连接线给小车上的传感器充电,第 1 次充电时间 6~8 s,充满后（仪器面板充电灯变黄色或红色）可以持续使用 4~5 min。充电完成后连接线从小车上取下,以免影响小车运动。

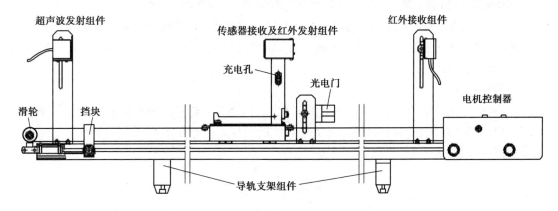

图 3.5.3　验证多普勒效应并计算声速的实验装置示意图

安装注意事项:

①安装时要尽量保证红外接收器、小车上的红外发射器和超声接收器、超声发射器三者之间在同一轴线上,以保证信号传输良好。

②安装时不可挤压连接电缆,以免导线折断。

③安装时请确认橡胶圈是否套在主动轮上。

④小车不使用时应立放，避免小车滚轮沾上污物，影响实验进行。

2）测量准备

①实验前须在每个速度下测试传送带松紧度是否合适，具体依据可参见下文或表 3.5.1，若存在过松或过紧的情况，那么需要根据测试结果调节传送带松紧度。

皮带过松，小车前进距离很不正常，因为带动皮带的主动轮与皮带之间打滑，小车自动返回后与控制器存在碰撞，有时甚至会出现较为剧烈的碰撞；当皮带过紧时，小车前进速度较慢，小车前进最大距离较近，小车后退时，运动吃力，容易使控制器进入保护状态（5 个发光二极管闪烁，电机停止转动），此时手动滑动小车到控制器位置，恢复正常使用。对于松紧度合适的系统，小车退回后车体后端磁钢距离控制器表面应该在 1 ~ 15 mm。

②测试仪开机后，首先要求输入室温。因为计算物体运动速度时要代入声速，而声速是温度的函数。利用"◄""►"将室温 t_c 值调到实际值，按"确认"键。然后仪器将进行自动检测调谐频率 f_0，约几秒钟后将自动得到调谐频率，将此频率 f_0 记录下来，按"确认"键进行后面实验。

3）测量步骤

①在液晶显示屏上，选中"多普勒效应验证实验"，并按"确认"键。

②利用"◄""►"键修改测试总次数（选择范围 5 ~ 10，因为有 5 种可变速度，一般选 5 次），按"▼"，选中"开始测试"，但不要按"确认"键。

③用电机控制器上的"变速"按钮选定一个速度。准备好后，按"确认"键，再按电机控制器上的"启动"键，测试开始进行，仪器自动记录小车通过光电门时的平均运动速度及与之对应的平均接收频率。

④每一次测试完成，都有"存入"或"重测"的提示，可根据实际情况选择，按"确认"键后回到测试状态，并显示测试总次数及已完成的测试次数。

⑤按电机控制器上的"变速"按钮，重新选择速度，重复步骤③、④。

⑥完成设定的测量次数后，仪器自动存储数据，并显示 $f\text{-}v$ 关系图及测量数据。

注意事项：小车速度不可太快，以防小车脱轨跌落损坏。若出现故障，请参见表 3.5.1"故障现象、原因及处理方法"。

4）数据记录

由 $f\text{-}v$ 关系图可看出，若测量点成直线，符合式（3.5.2）描述的规律，即直观验证了多普勒效应。用作图法或线性回归法计算 $f\text{-}v$ 关系直线的斜率 k。式（3.5.6）为线性回归法计算 k 值的公式，其中测量次数 $i=5$。

$$k = \frac{\overline{v_i \times f_i} - \overline{v_i} \times \overline{f_i}}{\overline{v_i^2} - \overline{v_i}^2} \tag{3.5.6}$$

由 k 计算声速见式（3.5.4）

$$u = \frac{f_0}{k}$$

并与声速的理论值比较，声速理论值由 $u_0 = 331\left(1 + \dfrac{t_c}{273}\right)^{\frac{1}{2}}$（m/s）计算，$t_c$ 表示室温（℃）。测量数据的记录是仪器自动进行的。在测量完成后，只需在出现的显示界面上，用"▼"键翻阅数据并记入表 3.5.2 中,然后按照上述公式计算出相关结果并填入表格。

表 3.5.2　多普勒效应的验证与声速的测量

$t_c =$ 　　℃　　$f_0 =$ 　　Hz

测量数据						直线斜率 k /$(1 \cdot m^{-1})$	声速测量值 $u = f_0/k$ /$(m \cdot s^{-1})$	声速理论值 u_0/$(m \cdot s^{-1})$	百分误差 $(u-u_0)/u_0$
次数 i	1	2	3	4	5				
v_i/$(m \cdot s^{-1})$									
f_i/Hz									

(2)研究自由落体运动,求自由落体加速度

让带有超声接收器的接收组件自由下落,利用多普勒效应测量物体运动过程中多个时间点的速度,查看 v-t 关系曲线,并调阅有关测量数据,即可得出物体在运动过程中的速度变化情况,进而计算自由落体加速度。

1)仪器安装与测量准备

仪器安装如图 3.5.4 所示。为保证超声发射器与接收器在一条垂线上,可用细绳拴住接收器组件,检查电磁铁下垂时是否正对发射器。若对齐不好,可用底座螺钉加以调节。

充电时,让电磁阀吸住自由落体接收器组件,并让该接收器组件上充电部分和电磁阀上的九爪测试针(即充电针)接触良好。

充满电后,将接收器组件脱离充电针,下移吸附在电磁铁上。

2)测量步骤

①在液晶显示屏上,用"▼"选中"变速运动测量实验",并按"确认"键。

②利用"▶"键修改测量点总数,选择范围 8 ~ 150;"▼"选择采样步距,"◀""▶"修改采样步距,选择范围 10 ~ 100 ms,选中"开始测试"。

③检查是否"失锁","锁定"后按"确认"按钮,电磁铁断电,接收器组件自由下落。测量完成后,显示屏上显示 v-t 图,用"▶"键选择"数据",阅读并记录测量结果。

④在结果显示界面中用"▶"键选择"返回","确认"后重新回到测量设置界面。可按以上程序进行新的测量。

3)数据记录与处理

将数据记入表 3.5.3 中,由测量数据求得 v-t 直线的斜率即为重力加速度 g。

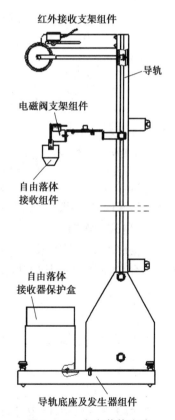

图 3.5.4　自由落体实验

红外接收支架组件
导轨
电磁阀支架组件
自由落体接收组件
自由落体接收器保护盒
导轨底座及发生器组件

表 3.5.3　自由落体运动的测量

采样序号 i	2	3	4	5	6	7	8	9	$g/$ $(\text{m} \cdot \text{s}^{-2})$	平均值 g $/(\text{m} \cdot \text{s}^{-2})$	理论值 g_0 $/(\text{m} \cdot \text{s}^{-2})$	百分误差 $(g-g_0)/g_0$
$t_i=$ $0.05(i-1)$ $/\text{s}$	0.05	0.10	0.15	0.20	0.25	0.30	0.35	0.40				
v_i												
v_i											9.8	
v_i												
v_i												

注：表 3.5.3 中 $t_i=0.05(i-1)$，t_i 为第 i 次采样与第 1 次采样的时间间隔，0.05 表示采样步距为 50 ms。如果选择的采样
　步距为 20 ms，则 t_i 应表示为 $t_i=0.02(i-1)$。依次类推，根据实际设置的采样步距而定采样时间。

接收器位置1

接收器位置2

α_1

α_2

声源

图 3.5.5　运动过程中 α
角度变化示意图

为减小偶然误差，可作多次测量，将测量的平均值作为测量值，并将测量值与理论值比较，求百分误差；考虑到断电瞬间，电磁铁可能存在剩磁，第 1 次采样数据的可靠性降低，故从第 2 次采样点开始记录数据。

安装注意事项：

①须将"自由落体接收器保护盒"套于发射器上，避免发射器在非正常操作时受到冲击而损坏。

②安装时切不可挤压电磁阀上的电缆。

③接收器组件下落时，若其运动方向不是严格的在声源与接收器的连线方向，则 α（为声源与接收器连线与接收器运动方向之间的夹角，图 3.5.5 是其示意图）在运动过程中增加，此时式（3.5.2）不再严格成立，由式（3.5.5）计算的速度误差也随之增加。故在数据处理时，可根据情况对最后两个采样点进行取舍。

（3）研究简谐振动

当质量为 m 的物体受到大小与位移成正比，而方向指向平衡位置的力的作用时，若以物体的运动方向为 x 轴，其运动方程为

$$m \frac{\text{d}^2 x}{\text{d}t^2} = -kx \tag{3.5.7}$$

由式（3.5.7）描述的运动称为简谐振动，当初始条件为 $t=0$ 时，$x=-A_0$，$v=\dfrac{\text{d}x}{\text{d}t}=0$，则式（3.5.7）的解为

$$x = -A_0 \cos \omega_0 t \tag{3.5.8}$$

将式（3.5.8）对时间求导，可得速度方程

$$v = \omega_0 A_0 \sin \omega_0 t \tag{3.5.9}$$

由式（3.5.8）、式（3.5.9）可见物体作简谐振动时，位移和速度都随时间周期变化，式中 ω_0 满足

$$\omega_0 = \left(\frac{k}{m}\right)^{\frac{1}{2}} \tag{3.5.10}$$

此时,ω_0为振动系统的固有角频率。

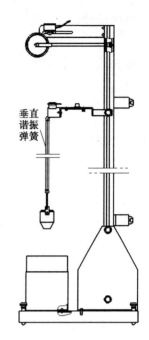

测量时仪器的安装如图3.5.6所示,若忽略空气阻力,根据胡克定律,作用力与位移成正比,悬挂在弹簧上的物体应做简谐振动,而式(3.5.7)中的k为弹簧的劲度系数。

1)仪器安装与测量准备

仪器的安装如图3.5.6所示。将弹簧悬挂于电磁铁上方的挂钩孔中,接收器组件的尾翼悬挂在弹簧上。接收组件悬挂上弹簧之后,测量弹簧长度。加挂质量为m的砝码,测量加挂砝码后弹簧的伸长量Δx,记入表3.5.4,然后取下砝码。由m及Δx就可计算k。用天平称量垂直运动超声接收器组件的质量M,由k和M就可计算ω_0,并与角频率的测量值ω比较。

2)测量步骤

①在液晶显示屏上,用"▼"选中"变速运动测量实验",并按"确认"键。

②利用"▶"键修改测量点总数为150(选择范围8~150),"▼"选择采样步距,并修改为100(选择范围50~100 ms),选中"开始测试"。

图3.5.6 简谐振动实验

表3.5.4 简谐振动的测量

$M=$　　kg　　　$m=$　　kg

$\Delta x/m$	$k = mg/\Delta x$ /(kg·s^{-2})	$\omega_0 = (k/M)^{1/2}$ /(1·s^{-1})	N_{1max}	N_{11max}	$T = 0.01(N_{11max} - N_{1max})$/s	$\omega = 2\pi/T$ /(1·s^{-1})	百分误差 $(\omega - \omega_0)/\omega_0$

③将接收器从平衡位置垂直向下拉约20 cm,松手让接收器自由振荡,然后按"确认"键,接收器组件开始做简谐振动。实验仪按设置的参数自动采样,测量完成后,显示屏上出现速度随时间变化关系的曲线。

④在结果显示界面中用"▶"键选择"返回","确认"后重新回到测量设置界面。可按以上程序进行新的测量。

注意事项:接收器自由振荡开始后,再按"确认"键。

3)数据记录与处理

查阅数据,记录第1次速度达到最大时的采样次数N_{1max}和第11次速度达到最大(注:速度方向一致)时的采样次数N_{11max},就可计算实际测量的运动周期T及角频率ω,并可计算ω_0与ω的百分误差。

(4)研究匀变速直线运动、验证牛顿第二运动定律

质量为M的接收器组件,与质量为m的砝码组件(包括砝码托及砝码)悬挂于滑轮的两端($M > m$),系统的受力情况为:接收器组件的重力gM,方向向下。砝码组件通过细绳和滑轮施加给接收器组件的力gm,方向向上。摩擦阻力,大小与接收器组件对细绳的张力成正比,可表示为$C(g-a)M$,a为加速度,C为摩擦系数,摩擦力方向与运动方向相反。

系统所受合外力为

$$gM - gm - C(g - a)M$$

运动系统的总质量为

$$M + m + \frac{J}{R^2}$$

J 为滑轮的转动惯量,R 为滑轮绕线槽半径,J/R^2 相当于将滑轮的转动等效成线性运动时的等效质量。根据牛顿第二定律,可列出运动方程

$$gM - gm - C(g - a)M = a\left(M + m + \frac{J}{R^2}\right) \tag{3.5.11}$$

实验时改变砝码组件的质量 m,即改变了系统所受的合外力和质量。对不同的组合测量其运动情况,采样结束后会显示 $v\text{-}t$ 曲线,将显示的采样次数及对应速度记入表 3.5.5。由记录的 t,v 数据求得 $v\text{-}t$ 直线的斜率即为此次实验的加速度 a。式(3.5.11)可以改写为

$$a = \frac{g\left[(1-C)M - m\right]}{(1-C)M + m + \frac{J}{R^2}} \tag{3.5.12}$$

表 3.5.5　匀变速直线运动的测量

$M=$　　kg　　$C = 0.07$　　$J/R^2 = 0.014$ kg

采样序号 i	2	3	4	5	6	7	8	9	10	11	12	13	14	加速度 a /(m·s^{-2})	$m/$ kg	$[(1-C)M-m]/$ $[(1-C)M+m+J/R^2]$
$t_i =$ $0.1(i-1)/s$	0.1	0.2	0.3	0.4	0.5	0.6	0.7	0.8	0.9	1.0	1.1	1.2	1.3			
v_i																
v_i																
v_i																
v_i																

注:表中 $t_i = 0.1(i-1)$,t_i 为第 i 次采样与第 1 次采样的时间间隔差,0.1 表示采样步距为 100 ms。

将表 3.5.5 得出的加速度 a 作纵轴,$\dfrac{(1-C)M-m}{(1-C)M+m+\frac{J}{R^2}}$ 作横轴作图,若为线性关系,符合式

(3.5.12)描述的规律,即验证了牛顿第二定律,且直线的斜率应为重力加速度。

在我们的系统中,摩擦系数 $C = 0.07$,滑轮的等效质量 $J/R^2 = 0.014$ kg。

1)仪器安装

①仪器安装如图 3.5.7 所示,让电磁阀吸住接收器组件,测量准备同本实验内容与步骤(2)。

②用天平称量接收器组件的质量 M,砝码托及砝码质量,每次取不同质量的砝码放于砝码托上,记录每次实验对应的 m。

安装注意事项:安装滑轮时,滑轮支杆不能遮住红外接收和自由落体组件之间信号传输。

2)测量步骤

①在液晶显示屏上,用"▼"选中"变速运动测量实验",并按"确认"键。

②利用"▶"键修改测量点总数,选择范围 8～150,推荐总数 15,用"▼"键选择采样步距,并修改为 100 ms(选择范围 50～100 ms),选中"开始测试"。

③按"确认"后,电磁铁断电,接收器组件拉动砝码做垂直方向的运动。测量完成后,显示屏上出现测量结果。

④在结果显示界面用"▶"键选择"返回","确认"后重新回到测量设置界面。改变砝码质量,按以上程序进行新的测量。

3)数据记录与处理

采样结束后显示 $v\text{-}t$ 直线,用"▶"键选择"数据",将显示的采样次数及相应速度记入表 3.5.5 中,t_i 为采样次数与采样步距的乘积。由记录的 t、v 数据求得 $v\text{-}t$ 直线的斜率,就是此次实验的加速度 a。

注意事项:

①当砝码组件质量较小时,加速度较大,可能没几次采样后接收器组件已落到底,此时可将后几次的速度值舍去。

②砝码组件质量较小时,加速度较大,由于惯性,砝码组件将高过并碰撞滑轮,此时,可系绳一端于砝码组件底部,另一端系于底座调平螺钉上,绳长略小于滑轮与底座螺钉之间的距离。

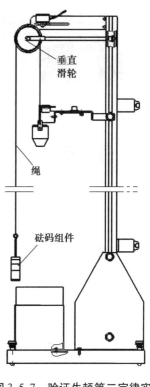

图 3.5.7　验证牛顿第二定律实验

③当砝码组件质量较大时,加速度较小,短时间内环境影响较大,导致前期采样数据的可靠性偏低,故可从中间某适当值开始记录,且不同的砝码组件下均连续记录 8 个数据点。

五、思考题

①何为多普勒效应? 接收的频率是如何变化的?
②声速的影响因素? 理论值如何计算?

六、补充说明

如图 3.5.8 所示为多普勒效应部分组件实物示意图。

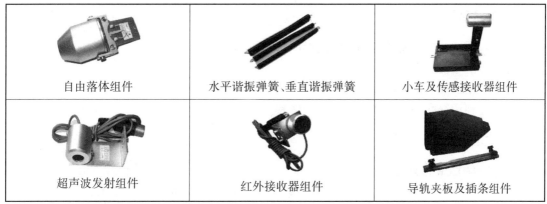

自由落体组件	水平谐振弹簧、垂直谐振弹簧	小车及传感接收器组件
超声波发射组件	红外接收器组件	导轨夹板及插条组件

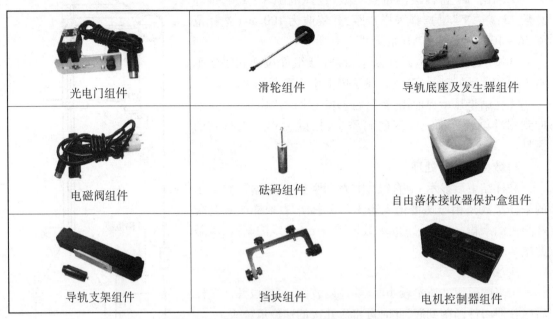

光电门组件	滑轮组件	导轨底座及发生器组件
电磁阀组件	砝码组件	自由落体接收器保护盒组件
导轨支架组件	挡块组件	电机控制器组件

图 3.5.8　多普勒效应部分组件实物示意图

实验六　示波器的使用

示波器是利用示波管内电子束在电场或磁场中的偏转,显示随时间变化的电信号的一种观测仪器。它不仅可以定性观察电路(或元件)的动态过程,定量测量各种电学量,如电压、周期、波形的宽度及上升、下降时间等,还可以用作其他显示设备,如晶体管特性曲线、雷达信号等。配上各种传感器,还可以用于各种非电量测量,如压力、声光信号、生物体的物理量(心电、脑电、血压)等。自 1931 年美国研制出第一台示波器至今已有 88 年,它在各个研究领域都取得了广泛的应用,示波器本身也发展成为多种类型,如慢扫描示波器、各种频率范围的示波器、取样示波器、记忆示波器等,已成为科学研究、实验教学、医药卫生、电工电子和仪器仪表等各个研究领域和行业最常用的仪器。

一、实验目的

①了解示波器的主要结构和显示波形的基本原理。
②学会使用信号发生器。
③学会用示波器观察波形以及测量电压、周期和频率。
④学会利用李萨如图形测量正弦波的频率。

二、实验仪器

(1) YB43020B 型示波器

YB43020B 型示波器如图 3.6.1 所示,表 3.6.1 为其各旋钮的用途及使用方法。

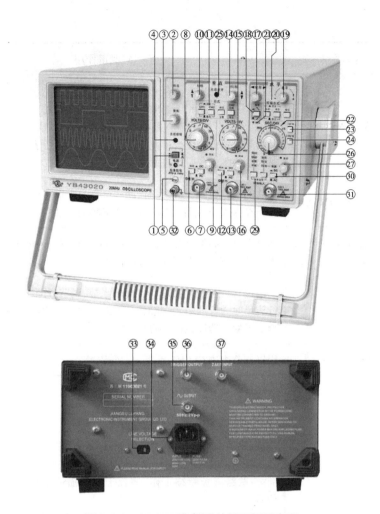

图 3.6.1　YB43020B 型示波器面板示意图

表 3.6.1　YB43020B 型示波器的各旋钮的用途及使用方法

序号	控制键名称	控制键作用
①	电源开关(POWER)	按入此开关,仪器电源接通,指示灯亮
②	亮度(INTENSITY)	光迹亮度调节,顺时针旋转光迹增亮
③	聚焦(FOCUS)	用以调节示波管电子束的焦点,使显示的光点成为细而清晰的圆点
④	光迹旋转(TRACE ROTATION)	调节光迹与水平线平行
⑤	探极校准信号(PROBE ADJUST)	此端口输出幅度为 0.5 V,频率为 1 kHz 的方波信号,用以校准 Y 轴偏转系数和扫描时间系数

续表

序号	控制键名称	控制键作用
⑥	耦合方式(AC GND DC)	垂直通道 1 的输入耦合方式选择: AC:信号中的直流分量被隔开,用以观察信号的交流成分; DC:信号与仪器通道直接耦合,当需要观察信号的直流分量或被测信号的频率较低时应选用此方式,GND 输入端处于接地状态,用以确定输入端为零电位时光迹所在位置
⑦	通道 1 输入插座 CH1(X)	双功能端口,在常规使用时,此端口作为垂直通道 1 的输入口,当仪器工作在 X-Y 方式时此端口作为水平轴信号输入口
⑧	通道 1 灵敏度选择开关(VOLTS/DIV)	选择垂直轴的偏转系数,从 2 mV/div ~ 10 V/div 分 12 个挡级调整,可根据被测信号的电压幅度选择合适的挡级
⑨	微调(VARIABLE)	用以连续调节垂直轴的 CH1 偏转系数,调节范围≥2.5 倍,该旋钮逆时针旋足时为校准位置,此时可根据"VOLTS/DIV"开关度盘位置和屏幕显示幅度读取该信号的电压值
⑩	垂直位移(POSITION)	用以调节光迹在 CH1 垂直方向的位置
⑪	垂直方式(MODE)	选择垂直系统的工作方式 CH1:只显示 CH1 通道的信号; CH2:只显示 CH2 通道的信号; 交替:用于同时观察两路信号,此时两路信号交替显示,该方式适合于在扫描速率较快时使用; 断续:两路信号断续工作,适合于在扫描速率较慢时同时观察两路信号; 叠加:用于显示两路信号相加的结果,当 CH2 极性开关被按入时,则两信号相减; CH2 反相:此按键未按入时,CH2 的信号为常态显示,按入此键时,CH2 的信号被反相
⑫	耦合方式(AC GND DC)	作用于 CH2,功能同控制件⑥
⑬	通道 2 输入插座 CH2(x)	垂直通道 2 的输入端口,在 X-Y 方式时,作为 Y 轴输入口
⑭	垂直位移(POSITION)	用以调节光迹在垂直方向的位置
⑮	通道 2 灵敏度选择开关(VOLTS/D2V)	功能同⑧
⑯	微调	功能同⑨
⑰	水平位移(POSITION)	用以调节光迹在水平方向的位置
⑱	极性(SLOPE)	用以选择被测信号在上升沿或下降沿触发扫描

序号	控制键名称	控制键作用
⑲	电平(LEVEL)	用以调节被测信号在变化至某一电平时触发扫描
⑳	扫描方式(SWEEP MODE)	选择产生扫描的方式： 自动(AUTO)：当无触发信号输入时，屏幕上显示扫描光迹，一旦有触发信号输入，电路自动转换为触发扫描状态，调节电平可使波形稳定的显示在屏幕上，此方式适合观察频率在 50 Hz 以上的信号； 常态(NORM)：无信号输入时，屏幕上无光迹显示，有信号输入时，且触发电平旋钮在合适位置上，电路被触发扫描，当被测信号频率低于 50 Hz 时，必须选择该方式； 锁定：仪器工作在锁定状态后，无须调节电平即可使波形稳定的显示在屏幕上； 单次：用于产生单次扫描，进入单次状态后，按动复位键，电路工作在单次扫描方式，扫描电路处于等待状态，当触发信号输入时，扫描只产生一次，下次扫描需再次按动复位按键
㉑	触发指示(TRIG'D READY)	该指示灯具有两种功能指示，当仪器工作在非单次扫描方式时，该灯亮表示扫描电路工作在被触发状态，当仪器工作在单次扫描方式时，该灯亮表示扫描电路在准备状态，此时若有信号输入将产生一次扫描，指示灯随之熄灭
㉒	扫描扩展指示	在按入"×5 扩展"或"交替扩展"后指示灯亮
㉓	×5 扩展	按入后扫描速度扩展 5 倍
㉔	交替扩展扫描	按入后，可同时显示原扫描时间和被×5 扩展后的扫描时间(注：在扫描速度慢时，可能出现交替闪烁)
㉕	光迹分离	用于调节主扫描和×5 扩展扫描后的扫描线的相对位置
㉖	扫描速率选择开关	根据被测信号的频率高低，选择合适的挡级。当扫描"微调"置校准位置时，可根据度盘的位置和波形在水平轴的距离读出被测信号的时间参数
㉗	微调(VARIABLE)	用于连续调节扫描速率，调节范围≥2.5 倍。逆时针旋足为校准位置
㉘	慢扫描开关	用于观察低频脉冲信号

续表

序号	控制键名称	控制键作用
㉙	触发源(TRIGGER SOURCE)	用于选择不同的触发源。 第一组： CH1：在双踪显示时，触发信号来自 CH1 通道，单踪显示时，触发信号则来自被显示的通道； CH2：在双踪显示时，触发信号来自 CH2 通道，单踪显示时，触发信号则来自被显示的通道； 交替：在双踪交替显示时，触发信号交替来自两个通道，此方式用于同时观察两路不相关的信号； 外接：触发信号来自外接输入端口。 第二组： 常态：用于一般常规信号的测量； TV-V：用于观察电视场信号； TV-H：用于观察电视行信号； 电源：用于与市电信号同步
㉚	AC/DC	外触发信号的耦合方式，当选择外触发源，且信号频率很低时，应将开关置于 DC 位置
㉛	外触发输入插座(EXT INPUT)	当选择外触发方式时，触发信号由此端口输入
㉜	⊥	机壳接地端
㉝	电源输入变换开关	用于 AC 220 V 或 AC 110 V 电源转换，使用前请先根据市电电源选择位置(有些产品可能无此开关)
㉞	带保险丝电源插座	仪器电源进线插口
㉟	电源 50 Hz 输出	市电信号 50 Hz 正弦输出，幅度约 $2V_{p-p}$
㊱	触发输出(TRIGGER SIGNAL OUTPUT)	随触发选择输出约 100 mV/div 的 CH1 或 CH2 通道输出信号，方便于外加频率计等
㊲	Z 轴输入	亮度调制信号输入端口

(2)YB1610 函数发生器

YB1610 函数发生器面板正面(图 3.6.2)与反面(图 3.6.3)，以及各操作键作用说明如下：

①电源开关(POWER)：将电源开关按键弹出即为"关"位置，将电源线接入，按电源开关，以接通电源。

②LED 显示窗口：此窗口指示输出信号的频率，当"外测"开关按入，显示外测信号的频率。如超出测量范围，溢出指示灯亮。

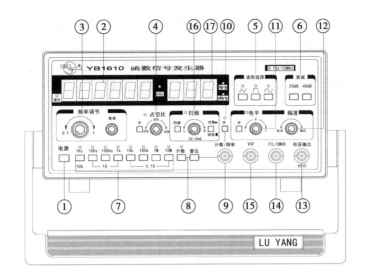

图 3.6.2 YB1610 函数信号发生器面板正面

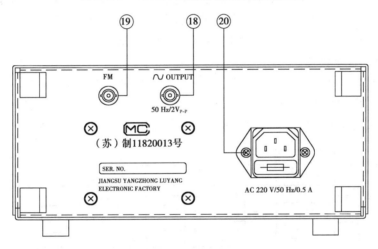

图 3.6.3 YB1610 函数信号发生器面板背面

③频率调节旋钮(FREQUENCY):调节此旋钮改变输出信号频率,顺时针旋转,频率增大,逆时针旋转,频率减小,微调旋钮可以微调频率。

④占空比(DUTY):占空比开关,占空比调节旋钮,将占空比开关按入,占空比指示灯亮,调节占空比旋钮,可改变波形的占空比。

⑤波形选择开关(WAVE FORM):按对应波形的某一键,可选择需要的波形。

⑥衰减开关(ATTE):电压输出衰减开关,二挡开关组合为 20 dB、40 dB、60 dB。

⑦频率范围选择开关(并兼频率计闸门开关):根据所需要的频率,按其中一键。

⑧计数、复位开关:按计数键,LED 显示开始计数,按复位键,LED 显示全为"0"。

⑨计数/频率端口:计数、外测频率输入端口。

⑩外测频开关:此开关按入 LED 显示窗显示外测信号频率或计数值。

⑪电平调节:按入电平调节开关,电平指示灯亮,此时调节电平调节旋钮,可改变直流偏置电平。

⑫幅度调节旋钮(AMPLITUDE):顺时针调节此旋钮,增大电压输出幅度。逆时针调节此旋钮可减小电压输出幅度。

⑬电压输出端口(VOLTAGE OUT):电压输出由此端口输出。

⑭TTL/CMOS 输出端口:由此端口输出 TTL/CMOS 信号。

⑮VCF:由此端口输入电压控制频率变化。

⑯扫频:按入扫频开关,电压输出端口输出信号为扫频信号,调节速率旋钮,可改变扫频速率,改变线性/对数开关可产生线性扫频和对数扫频。

⑰电压输出指示:3 位 LED 显示输出电压值,输出接 50 Ω 负载时应将读数除以 2。

⑱50 Hz 正弦波输出端口:50 Hz 约 2 V_{p-p} 正弦波由此端口输出。

⑲调频(FM)输入端口:外调频波由此端口输入。

⑳插座:交流电源 220 V 输入插座。

三、实验原理

电子示波器(阴极射线示波器)是观察和测量电信号的一种电子仪器,能够显示各种电信号的波形,一切可以转化为电压的电学量和非电学量及它们随时间作周期性变化的过程都可以用示波器来观测,示波器是一种用途十分广泛的测量仪器。

(1)示波器的基本结构

示波器的主要部分有示波管、带衰减器的 y 轴放大器、带衰减器的 x 轴放大器、扫描发生器(锯齿波发生器)、触发同步和电源等,其结构方框图如图 3.6.4 所示。为了适应各种测量的要求,示波器的电路组成是多样而复杂的,这里仅就主要部分加以介绍。

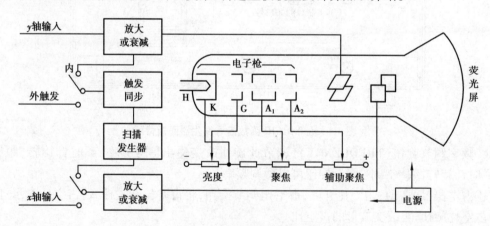

图 3.6.4　示波器的基本结构

1)示波管

如图 3.6.4 所示,示波管主要包括电子枪、偏转系统和荧光屏 3 部分,全都密封在玻璃外壳内,里面抽成高真空。下面分别说明各部分的作用。

①荧光屏:它是示波器的显示部分,当加速聚焦后的电子打到荧光屏上时,屏上所涂的荧光物质就会发光,从而显示出电子束的位置。当电子停止作用后,荧光剂的发光需经一定时间才会停止,称为余晖效应。

②电子枪:由灯丝 H、阴极 K、控制栅极 G、第一阳极 A_1、第二阳极 A_2 5 部分组成。灯丝通

电后加热阴极。阴极是一个表面涂有氧化物的金属筒,被加热后发射电子。控制栅极是一个顶端有小孔的圆筒,套在阴极外面。它的电位比阴极低,对阴极发射出来的电子起控制作用,只有初速度较大的电子才能穿过栅极顶端的小孔然后在阳极加速下奔向荧光屏。示波器面板上的"亮度"调整就是通过调节电位以控制射向荧光屏的电子流密度,从而改变了屏上的光斑亮度。阳极电位比阴极电位高很多,电子被它们之间的电场加速形成射线。当控制栅极、第一阳极、第二阳极之间的电位调节合适时,电子枪内的电场对电子射线有聚焦作用,所以第一阳极也称聚焦阳极。第二阳极电位更高,又称加速阳极。面板上的"聚焦"调整,就是调节第一阳极电位,使荧光屏上的光斑成为明亮、清晰的小圆点。有的示波器还有"辅助聚焦",实际是调节第二阳极电位。

③偏转系统:它由两对相互垂直的偏转板组成,一对垂直偏转板,一对水平偏转板。在偏转板上加以适当电压,电子束通过时,其运动方向发生偏转,从而使电子束在荧光屏上的光斑位置也发生改变。

容易证明,光点在荧光屏上偏移的距离与偏转板上所加的电压成正比,因而可将电压的测量转化为屏上光点偏移距离的测量,这就是示波器测量电压的原理。

2)信号放大器和衰减器

示波管本身相当于一个多量程电压表,这一作用是靠信号放大器和衰减器实现的。由于示波管本身的 x 及 y 轴偏转板的灵敏度不高($0.1 \sim 1\ \mathrm{mm/V}$),当加在偏转板上的信号过小时,要预先将小的信号电压加以放大后再加到偏转板上。为此设置 x 轴及 y 轴电压放大器。衰减器的作用是使过大的输入信号电压变小以适应放大器的要求,否则放大器不能正常工作,使输入信号发生畸变,甚至使仪器受损。对一般示波器来说,x 轴和 y 轴都设置有衰减器,以满足各种测量的需要。

3)扫描系统

扫描系统也称时基电路,用来产生一个随时间作线性变化的扫描电压,这种扫描电压随时间变化的关系如同锯齿,故称锯齿波电压,这个电压经 x 轴放大器放大后加到示波管的水平偏转板上,使电子束产生水平扫描。这样,屏上的水平坐标变成时间坐标,y 轴输入的被测信号波形就可以在时间轴上展开。扫描系统是示波器显示被测电压波形必需的重要组成部分。

(2)示波器显示波形的原理

如果只在竖直偏转板上加一交变的正弦电压,则电子束的亮点将随电压的变化在竖直方向来回运动,如果电压频率较高,则看到的是一条竖直亮线,如图 3.6.5 所示。要能显示波形,必须同时在水平偏转板上加一扫描电压,使电子束的亮点沿水平方向拉开。这种扫描电压的特点是电压随时间呈线性关系增加到最大值,最后突然回到最小,此后再重复变化。这种扫描电压即前面所说的"锯齿波电压",如图 3.6.6 所示。当只有锯齿波电压加在水平偏转板上时,如果频率足够高,则荧光屏上只显示一条水平亮线。

如果在竖直偏转板上(简称 y 轴)加正弦电压,同时在水平偏转板上(简称 x 轴)加锯齿波电压,电子受竖直、水平两个方向的力的作用,电子的运动就是两相互垂直的运动的合成。当锯齿波电压比正弦电压变化周期稍大时,在荧光屏上将能显示出完整周期的所加正弦电压的波形图。如图 3.6.7 所示。

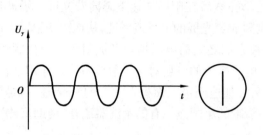

图 3.6.5　仅在竖直偏转板加一交变
正弦电压,示波器显示形式

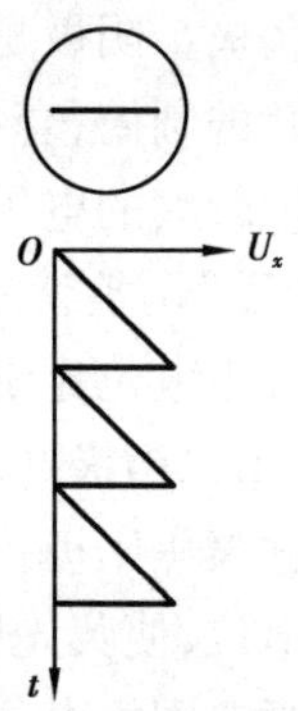

图 3.6.6　锯齿波电压

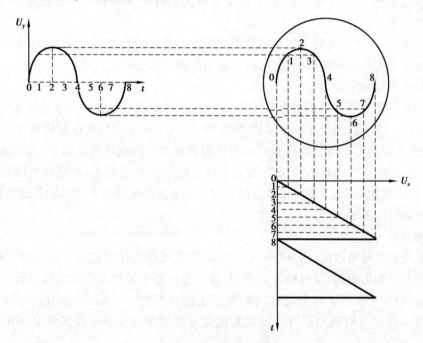

图 3.6.7　正弦电压波形

(3) 同步的概念

如果正弦波和锯齿波电压的周期稍微不同,屏上出现的是一移动着的不稳定图形。这种情形可用图 3.6.8 说明。设锯齿波电压的周期 T_x 比正弦波电压周期 T_y 稍小,比方说 T_x/T_y = 7/8。在第一扫描周期内,屏上显示正弦信号 0 ~ 4 点的曲线段;在第二周期内,显示 4 ~ 8 点的曲线段,起点在 4 处;第三周期内,显示 8 ~ 11 点的曲线段,起点在 8 处。这样,屏上显示的波形每次都不重叠,好像波形在向右移动。同理,如果 T_x 比 T_y 稍大,则好像在向左移动。以上描述的情况在示波器使用过程中经常会出现。其原因是扫描电压的周期与被测信号的周期不相等或不成整数倍,每次扫描开始时波形曲线上的起点均不一样。为了使屏上的图形稳定,必须使 $T_x/T_y = n(n = 1,2,3,\cdots)$, n 是屏上显示完整波形的个数。

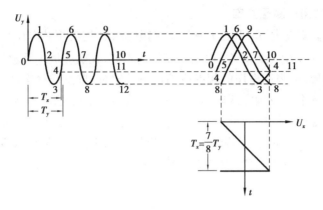

图 3.6.8　不稳定图形

为了获得一定数量的波形,示波器上设有"扫描时间"(或"扫描范围")、"扫描微调"旋钮,用来调节锯齿波电压的周期 T_x(或频率 f_x),使之与被测信号的周期 T_y(或频率 f_y)成合适的关系,从而在示波器屏上得到所需数目的完整的被测波形。输入 y 轴的被测信号与示波器内部的锯齿波电压是互相独立的。由于环境或其他因素的影响,它们的周期(或频率)可能发生微小的改变。这时,虽然可通过调节扫描旋钮将周期调到整数倍的关系,但过一会儿又变了,波形又移动起来。在观察高频信号时这种问题尤为突出。为此示波器内装有扫描同步装置,让锯齿波电压的扫描起点自动跟着被测信号改变,这就称为整步(或同步)。有的示波器中,需要让扫描电压与外部某一信号同步,因此设有"触发选择"键,可选择外触发工作状态,相应设有"外触发"信号输入端。

四、实验内容与步骤

(1)观察信号发生器波形

①将信号发生器的输出端接到示波器 y 轴输入端上。

②开启信号发生器,调节示波器(注意信号发生器频率与扫描频率),观察正弦波形,并使其稳定。

(2)测量正弦波电压

在示波器上调节出大小适中、稳定的正弦波形,选择其中一个完整的波形,先测算出正弦波电压峰-峰值 $U_{p\text{-}p}$,即

$$U_{p\text{-}p} = (\text{垂直距离 div}) \times (\text{挡位 V/div}) \times (\text{探头衰减率}) \tag{3.6.1}$$

然后求出正弦波电压有效值 U 为

$$U = \frac{0.71 \times U_{p\text{-}p}}{2} \tag{3.6.2}$$

(3)测量正弦波周期和频率

在示波器上调节出大小适中、稳定的正弦波形,选择其中一个完整的波形,先测算出正弦波的周期 T,即

$$T = (\text{水平距离 div}) \times (\text{挡位 t/div}) \tag{3.6.3}$$

然后求出正弦波的频率

$$f = \frac{1}{T} \tag{3.6.4}$$

（4）利用李萨如图形测量频率

设将未知频率 f_y 的电压 U_y 和已知频率 f_x 的电压 U_x（均为正弦电压），分别送到示波器的 y 轴和 x 轴，则由于两个电压的频率、振幅和相位的不同，在荧光屏上将显示各种不同波形，一般得不到稳定的图形，但当两电压的频率成简单整数比时，将出现稳定的封闭曲线，称为李萨如图形。根据这个图形可以确定两电压的频率比，从而确定待测频率的大小。

图 3.6.9 列出各种不同的频率比在不同相位差时的李萨如图形，不难得出

$$\frac{\text{加在 } y \text{ 轴电压的频率} f_y}{\text{加在 } x \text{ 轴电压的频率} f_x} = \frac{\text{水平直线与图形相交的点数 } N_x}{\text{垂直直线与图形相交的点数 } N_y} \tag{3.6.5}$$

所以未知频率

$$f_y = \frac{N_x}{N_y} f_x \tag{3.6.6}$$

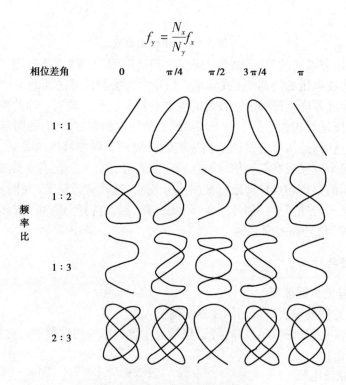

图 3.6.9　李萨如图形举例

但应指出水平、垂直直线不应通过图形的交叉点。

测量方法如下：

①将一台信号发生器的输出端接到示波器 y 轴输入端上，并调节信号发生器输出电压的频率为 50 Hz，作为待测信号频率。把另一信号发生器的输出端接到示波器 x 轴输入端上作为标准信号频率。

②分别调节与 x 轴相连的信号发生器输出正弦波的频率 f_x 为 25,50,100,150,200 Hz 等。观察各种李萨如图形，微调 f_x 使其图形稳定时，记录 f_x 的确切值，再分别读出水平线和垂直线与图形的交点数。由此求出各频率比及被测频率 f_y，记录于表 3.6.2 中。

表 3.6.2　不同输出频率下的频率比和被测频率 f_y

标准信号频率 f_x/Hz	25	50	100	150	200
李萨如图形(稳定时)					
频比 $= \dfrac{水平线交点数 N_x}{垂直线交点数 N_y}$					
待测电压频率 $f_y = f_x \cdot N_x/N_y$					
f_y 的平均值 /Hz					

③观察时图形大小不适中,可调节"V/div"和与 x 轴相连的信号发生器输出电压。

五、思考题

①简述示波器的基本结构。
②示波器显示稳定波形的条件有哪些?
③荧光屏上无光点出现,有几种可能的原因? 怎样调节才能使光点出现?
④荧光屏上波形移动,可能是什么原因引起的?

实验七　霍尔效应及磁场分布测量

　　霍尔效应是导电材料中的电流与磁场相互作用而产生电动势的效应。1879 年美国霍普金斯大学研究生霍尔(图 3.7.1)在研究金属导电机理时发现了这种电磁现象,故称霍尔效应。后来曾有人利用霍尔效应制成测量磁场的磁传感器,但因金属的霍尔效应太弱而未能得到实际应用。随着半导体材料和制造工艺的发展,人们又利用半导体材料制成霍尔元件,由于它的霍尔效应显著而得到实用和发展,现在广泛用于非电量的测量、电动控制、电磁测量和计算装置方面。在电流体中的霍尔效应也是目前在研究中的"磁流体发电"的理论基础。近年来,霍尔效应实验不断有新发现。1980 年德国物理学家冯·克利青研究二维电子气系统的输运特性时,在低温和强磁场下发现了量子霍尔效应,这是凝聚态物理

图 3.7.1　霍尔

领域最重要的发现之一。目前对量子霍尔效应正在进行深入研究,并取得了重要应用,例如用于确定电阻的自然基准,可以极为精确地测量光谱精细结构常数等。

　　在磁场、磁路等磁现象的研究和应用中,霍尔效应及其元件是不可缺少的,利用它观测磁场直观、干扰小、灵敏度高、效果明显。

一、实验目的

①掌握霍尔效应原理及霍尔元件有关参数的含义和作用。

②测绘霍尔元件的 U_H-I_S，U_H-I_M 曲线，了解霍尔电压 U_H 与霍尔元件工作电流 I_S、磁感应强度 B 及励磁电流 I_M 之间的关系，并计算霍尔元件的灵敏度 K。

③学习用"对称交换测量法"消除负效应产生的系统误差。

④学习利用霍尔效应测量磁感应强度及磁场分布。

二、实验仪器

霍尔效应实验组合仪如图 3.7.2 所示，各部分名称见表 3.7.1。

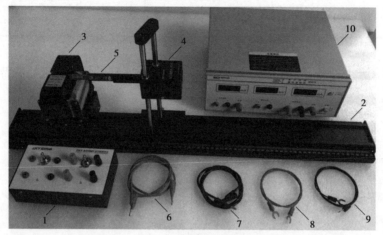

图 3.7.2　霍尔效应实验组合仪

表 3.7.1　霍尔效应实验组合仪

序号	名称
1	双刀双掷开关盒
2	导轨
3	C 形电磁铁(带滑块)
4	二维移动座
5	横向霍尔传感器模块
6—9	单芯连接线
10	霍尔效应螺线管磁场测试仪

①C 形电磁铁:磁隙 8 mm，中心点最大磁感应强度 >220 mT，励磁电流 ≤1.0 A。

②横向霍尔传感器模块:不等位电势 $U_0 \leqslant 2$ mV(工作电流 $I_S = 4$ mA 时)，灵敏度 > 150 mV/(mA·T)。

③工作电流源:量程 0～10.00 mA，分辨率 0.01 mA。

④励磁电流源:量程 0～1 000 mA，分辨率 1 mA。

⑤工作电压表:量程 0～19.99 V，分辨率 0.01 V。

⑥霍尔电压表:量程 0～20 mV 和 0～200 mV 两挡，可切换，分辨率分别为 0.01 mV 和 0.1 mV。

三、实验原理

霍尔效应从本质上讲,是运动的带电粒子在磁场中受洛仑兹力的作用而引起的偏转。当带电粒子(电子或空穴)被约束在固体材料中,这种偏转就导致在垂直电流和磁场的方向上产生正负电荷在不同侧的聚积,从而形成附加的横向电场。如图 3.7.3 所示,磁场 B 位于 Z 的正向,与之垂直的半导体薄片上沿 x 正向通以电流 I_S(称为工作电流),假设载流子为电子(N 型半导体材料),它沿着与电流 I_S 相反的 x 负向运动。

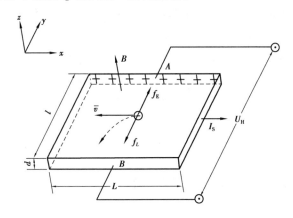

图 3.7.3　霍尔效应原理示意图

由于洛仑兹力 f_L 作用,电子即向图中虚线箭头所指的位于 y 轴负方向的 B 侧偏转,并使 B 侧形成电子积累,而相对的 A 侧形成正电荷积累。与此同时,运动的电子还受到由于两种积累的异种电荷形成的反向电场力 f_E 的作用。随着电荷积累的增加,f_E 增大,当两力大小相等(方向相反)时,$f_L = -f_E$,则电子积累便达到动态平衡。这时在 A、B 两端面之间建立的电场称为霍尔电场 E_H,相应的电势差称为霍尔电势 U_H。

设电子按均一速度 $\bar{v}$,向图 3.7.3 所示的 x 负方向运动,在磁场 B 作用下,所受洛仑兹力为

$$f_L = -e\bar{v}B \qquad (3.7.1)$$

式中　e——电子电量;

　　　$\bar{v}$——电子漂移平均速度;

　　　B——磁感应强度。

同时,电场作用于电子的力为

$$f_E = -eE_H = -\frac{eU_H}{l} \qquad (3.7.2)$$

式中　E_H——霍尔电场强度;

　　　U_H——霍尔电势;

　　　l——霍尔元件宽度。

当达到动态平衡时

$$f_L = -f_E \qquad \bar{v}B = \frac{U_H}{l} \qquad (3.7.3)$$

设霍尔元件宽度为 l,厚度为 d,载流子浓度为 n,则霍尔元件的工作电流为

$$I_S = ne\bar{v}ld \tag{3.7.4}$$

由式(3.7.3)、式(3.7.4)可得

$$U_H = \bar{v}Bl = \frac{1}{ne}\frac{I_S B}{d} = R_H \frac{I_S B}{d} = K_H I_S B \tag{3.7.5}$$

即霍尔电压 U_H（A、B 间电压）与 I_S、B 的乘积成正比，与霍尔元件的厚度 d 成反比，比例系数 $R_H = \dfrac{1}{ne}$ 称为霍尔系数，它是反映材料霍尔效应强弱的重要参数。比例系数 $K_H = \dfrac{1}{ned}$ 称为霍尔元件的灵敏度，它表示霍尔元件在单位磁感应强度和单位工作电流下的霍尔电势大小，其单位是 mV/(mA·T)，一般要求 K_H 越大越好。

当霍尔元件的材料和厚度确定时，根据霍尔系数或灵敏度可以得到载流子的浓度 n

$$n = \frac{1}{eR_H} = \frac{1}{edK_H} \tag{3.7.6}$$

霍尔元件中载流子迁移率 μ：

$$\mu = \frac{\bar{v}}{E_S} = \frac{\bar{v} \cdot L}{U_S} \tag{3.7.7}$$

将式(3.7.4)—式(3.7.6)、式(3.7.7)联立求得：

$$\mu = K_H \cdot \frac{L}{l} \cdot \frac{I_S}{U_S} \tag{3.7.8}$$

式中　μ——载流子的迁移率，即单位电场强度下载流子获得的平均漂移速度（一般电子迁移率大于空穴迁移率，因此制作霍尔元件时大多采用 N 型半导体材料）；

　　　　L——霍尔元件的长度；

　　　　U_S——霍尔元件沿着 I_S 方向的工作电压；

　　　　E_S——由 V_S 产生的电场强度。

由于金属的电子浓度(n)很高，所以它的 R_H 或 K_H 都不大，因此不适宜作霍尔元件。此外元件厚度 d 越薄，K_H 越高，所以制作时，往往采用减少 d 的办法来增加灵敏度，但不能认为 d 越薄越好，因为此时元件的输入和输出电阻将会增加，这对霍尔元件是不利的。本实验采用的霍尔片的厚度 d 为 0.26 mm，宽度 l 为 0.4 mm，长度 L 为 0.4 mm。

注意：当磁感应强度 B 和元件平面法线成一角度时（图3.7.4），作用在元件上的有效磁场是其法线方向上的分量 $B\cos\theta$，此时

$$U_H = K_H I_S B \cos\theta$$

所以，一般在使用时应调整元件两平面方位，使 U_H 达到最大，即 $\theta = 0$，这时有

$$U_H = K_H I_S B \cos\theta = K_H I_S B \tag{3.7.9}$$

由式(3.7.9)可知，当工作电流 I_S 或磁感应强度 B，两者之一改变方向时，霍尔电势 U_H 方向随之改变；若两者方向同时改变，则霍尔电势 U_H 极性不变。

霍尔元件测量磁场的基本电路（图3.7.5），将霍尔元件置于待测磁场的相应位置，并使元件平面与磁感应强度 B 垂直，在其控制端输入恒定的工作电流 I_S，霍尔元件的霍尔电势输出端接毫伏表，测量霍尔电势 U_H 的值。

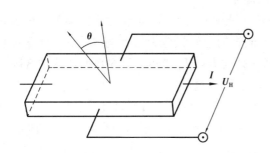

图 3.7.4　磁感应强度与元件平面法线成一定角度

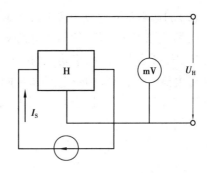

图 3.7.5　霍尔元件测量磁场的基本电路图

四、实验内容与步骤

(1)仪器的连接与预热

按图 3.7.6 将 C 形电磁铁(带滑块)、霍尔元件、双刀双掷开关盒和霍尔效应螺线管磁场测试仪(以下简称"测试仪")正确连接。图中的编号对应的模块名称参考表 3.7.1。

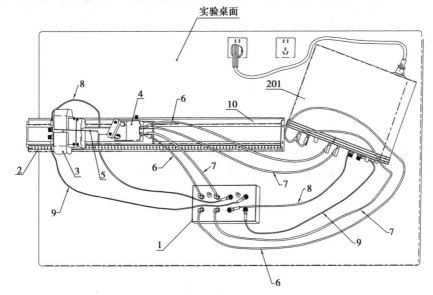

图 3.7.6　霍尔效应螺线管磁场测试仪接线图

①将工作电流、励磁电流调节旋钮逆时针旋转到底,使电流最小。

②将测试仪的电压量程调至高量程。

③测试仪面板右下方为提供励磁电流 I_M 的恒流源输出端,接实验仪上励磁电流的输入端(将接线叉口与接线柱连接)。

④测试仪左下方为提供霍尔元件工作电流 I_S 的恒流源输出端接实验仪工作电流输入端(将插头插入插孔)。

⑤实验仪上的霍尔电压输出端接测试仪中部下方的霍尔电压输入端。

⑥将测试仪与 220 V 交流电源相连,按下开机键。

注意:为了提高霍尔元件测量的准确性,实验前霍尔元件应至少预热 5 min。具体操作如下:断开励磁电流开关,闭合工作电流开关,通入工作电流 5 mA,待至少 5 min 可以开始实验。

(2)测量霍尔元件灵敏度 K_H,计算载流子浓度 n

①移动二维移动座,使霍尔元件处于电磁铁气隙中心位置(其法线方向已调至平行于磁场方向,霍尔元件到二维移动座的距离为 190 mm,纵向上转接座上表面与"0"刻线对齐),闭合励磁电流开关,调节励磁电流 $I_M = 300$ mA,通过公式 $B = CI_M$ 求得并记录此时电磁铁气隙中的磁感应强度 B(C 为电磁铁的线圈常数,C 值见面板标示牌)。

②调节工作电流 $I_S = 1.00, 2.00, \cdots, 10.00$ mA(间隔 1.00 mA),通过变换各换向开关,在 $(+I_M, +I_S)$、$(-I_M, +I_S)$、$(-I_M, -I_S)$、$(+I_M, -I_S)$ 四种测量条件下,分别测出对应的电压值 U_i $(i = 1, 2, 3, 4)$,计算霍尔电压 U_H 填入表 3.7.2,并绘制 U_H-I_S 关系曲线,求得斜率 K_1($K_1 = U_H/I_s$)。

③根据式(3.7.5)可知 $K_H = K_1/B$,并根据式(3.7.6)计算载流子浓度 n(霍尔元件厚度 $d = 0.26$ mm)。

表 3.7.2　霍尔电压 U_H 与工作电流 I_S 的关系

$I_M = 300$ mA　　$C = \_\_\_\_$ mT/A

I_S/mA	U_1/mV $+I_M, +I_S$	U_2/mV $-I_M, +I_S$	U_3/mV $-I_M, -I_S$	U_4/mV $+I_M, -I_S$	$U_H = \frac{1}{4}(\,|U_1| + |U_2| + |U_3| + |U_4|\,)$ /mV
1.00					
2.00					
3.00					
4.00					
5.00					
6.00					
7.00					
8.00					
9.00					
10.00					

(3)测量霍尔元件的载流子迁移率 μ

①断开励磁电流开关,使 $I_M = 0$(电磁铁剩磁很小,约零点几毫特,可忽略不计)。调节 $I_S = 0.50, 1.00, \cdots, 5.00$ mA(间隔 0.50 mA),记录对应的工作电压 U_S 并填入表 3.7.3,绘制 I_S-U_S 关系曲线,求得斜率 K_2($K_2 = I_S/U_S$)。

表 3.7.3　工作电流 I_S 与工作电压 U_S 的关系　　　　$I_M = 0$ mA

I_S/mA	0.50	1.00	1.50	2.00	2.50	3.00	3.50	4.00	4.50	5.00
U_S/mV										

②根据求得的 K_2 和 K_H ,代入式(3.7.8)求得载流子迁移率 μ (霍尔元件长度 L 、宽度 l 已知)。

(4)判定霍尔元件半导体类型(P 型或 N 型)或者反推磁感应强度 B 的方向

①根据电磁铁导线绕向及励磁电流 I_M 的流向,可判定气隙中磁感应强度 B 的方向。

②根据钮子开关接线以及霍尔测试仪 I_S 输出端引线,可判定 I_S 在霍尔元件中流向。

③根据换向钮子开关接线以及霍尔测试仪 U_H 输入端引线,可以得出 U_H 的正负与霍尔元件上正负电荷积累的对应关系。

④由 B 的方向、I_S 流向以及 U_H 的正负并结合霍尔元件的引脚位置可以判定霍尔元件半导体的类型(P 型或 N 型)。反之,若已知 I_S 流向、U_H 的正负以及霍尔元件半导体的类型,可以判定磁感应强度 B 的方向。

(5)研究霍尔电压 U_H 与励磁电流 I_M 之间的关系

霍尔元件仍位于电磁铁气隙中心,调定 $I_S = 3.00$ mA,分别调节 $I_M = 100, 200, \cdots, 1\,000$ mA (间隔为 100 mA),分别测量对应的电压值 U_i ,计算霍尔电压 U_H 并填入表 3.7.4,并绘出 U_H - I_M 曲线,分析霍尔电压 U_H 与励磁电流 I_M 之间的关系。

表 3.7.4　霍尔电压 U_H 与励磁电流 I_M 之间的关系　　　　$I_S = 3.00$ mA

I_M/mA	U_1/mV	U_2/mV	U_3/mV	U_4/mV	$U_H = \dfrac{1}{4}(\lvert U_1 \rvert + \lvert U_2 \rvert + \lvert U_3 \rvert + \lvert U_4 \rvert)$
	$+I_M, +I_S$	$-I_M, +I_S$	$-I_M, -I_S$	$+I_M, -I_S$	/mV
100					
200					
300					
400					
500					
600					
700					
800					
900					
1 000					

(6)测量一定 I_M 条件下电磁铁气隙中磁感应强度 B 的大小及分布情况

①调定 $I_M = 600$ mA, $I_S = 5.00$ mA,调节二位移动尺的垂直标尺,使霍尔元件处于电磁铁气隙垂直(Y)方向的中心位置(0 刻线处)。移动二维移动座在导轨上的位置,使霍尔元件位于磁场中 X 方向的中心位置(二维移动座和 C 形电磁铁间距 190 mm),设此时相对位置为 $X = 0$ 。

②调节水平标尺按表 3.7.5 中给出的位置测量 U_i ,将结果填入表 3.7.5。

③根据以上测得的 U_i，计算霍尔电压 U_H 值，根据式(3.7.5)计算出各点的磁感应强度 B，并绘出 B-X 曲线，描述电磁铁气隙内 X 方向上 B 的分布状态。

④移动二维移动座在导轨上的位置，使霍尔元件位于磁场中 X 方向的中心位置，调整霍尔元件在垂直(Y)方向的位置，测量其磁场分布，描绘 B-Y 曲线，描述电磁铁气隙中 Y 方向上 B 的分布状态。（选做）

表 3.7.5　电磁铁气隙中磁感应强度 B 的分布

$I_M = 600$ mA　$I_S = 5.00$ mA

X/mm	U_1/mV	U_2/mV	U_3/mV	U_4/mV	$U_H = \dfrac{1}{4}(\,\lvert U_1 \rvert + \lvert U_2 \rvert + \lvert U_3 \rvert + \lvert U_4 \rvert\,)$ /mV	B/mT
	$+I_M, +I_S$	$-I_M, +I_S$	$-I_M, -I_S$	$+I_M, -I_S$		
−30						
−25						
−20						
−15						
−10						
−5						
0						
5						
10						
15						
20						
25						
30						
35						
40						

(7)实验系统误差及其消除方法

测量霍尔电势 U_H 时，不可避免地会产生一些负效应，由此而产生的附加电势叠加在霍尔电势上，形成测量系统误差，这些负效应有：

①不等位电势 U_0：由于制作时，两个霍尔电势不可能绝对对称的焊在霍尔片两侧[图 3.7.7(a)]、霍尔片电阻率不均匀、控制电流极的端面接触不良[图 3.7.7(b)]都可能造成 A、B 两极不处在同一等位面上，此时虽未加磁场，但 A、B 间存在电势差 U_0，此称不等位电势，$U_0 = I_S R_0$，R_0 是两等位面间的电阻，由此可见，在 R_0 确定的情况下，U_0 与 I_S 的大小成正比，且其正负随 I_S 的方向而改变。

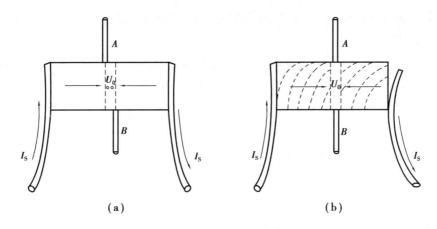

图 3.7.7　不等位电势

②爱廷豪森效应：当元件 x 方向通以工作电流 I_S，z 方向加磁场 B 时，由于霍尔片内的载流子速度服从统计分布，有快有慢。如图 3.7.8 所示，在到达动态平衡时，在磁场的作用下慢速快速的载流子将在洛仑兹力和霍尔电场的共同作用下，沿 y 轴分别向相反的两侧偏转，这些载流子的动能将转化为热能，使两侧的温升不同，因而造成 y 方向上的两侧的温差（$T_A - T_B$）。因为霍尔电极和元件两者材料不同，电极和元件之间形成温差电偶，这一温差在 A、B 间产生温差电动势 U_E，$U_E \propto IB$。这一效应称为爱廷豪森效应，U_E 的大小与正负符号与 I、B 的大小和方向有关，跟 U_H 与 I、B 的关系相同，所以不能在测量中消除。

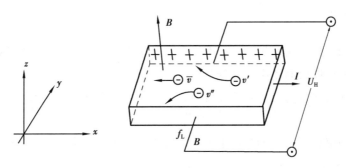

$$v' < \bar{v} \quad v'' > \bar{v}$$

图 3.7.8　正电子运动平均速度

③伦斯脱效应：由于控制电流的两个电极与霍尔元件的接触电阻不同，控制电流在两电极处将产生不同的焦耳热，引起两电极间的温差电动势，此电动势又产生温差电流（称为热电流）Q，热电流在磁场作用下将发生偏转，结果在 y 方向上产生附加的电势差 U_H，且 $U_H \propto QB$，这一效应称为伦斯脱效应，U_H 的符号只与 B 的方向有关。

④里纪-杜勒克效应：如伦斯脱效应所述霍尔元件在 x 方向有温度梯度 $\mathrm{d}T/\mathrm{d}x$，引起载流子沿梯度方向扩散而有热电流 Q 通过元件，在此过程中载流子受 z 方向的磁场 B 作用下，在 y 方向引起类似爱廷豪森效应的温差 $T_A - T_B$，由此产生的电势差 $U_H \propto QB$，其符号与 B 的方向有关，与 I_S 的方向无关。

为了减少并消除以上效应的附加电势差，利用这些附加电势差与霍尔元件工作电流 I_S、

磁场 B（即相应的励磁电流 I_M）的关系，采用对称（交换）测量法进行测量。

当 $+I_S$，$+I_M$ 时

$$U_{AB1} = + U_H + U_0 + U_E + U_N + U_R \quad (3.7.10)$$

当 $+I_S$，$-I_M$ 时

$$U_{AB2} = - U_H + U_0 - U_E + U_N + U_R \quad (3.7.11)$$

当 $-I_S$，$-I_M$ 时

$$U_{AB3} = + U_H - U_0 + U_E - U_N - U_R \quad (3.7.12)$$

当 $-I_S$，$+I_M$ 时

$$U_{AB4} = - U_H - U_0 - U_E - U_N - U_R \quad (3.7.13)$$

对式（3.7.10）—式（3.7.13）做如下运算则得：

$$\frac{1}{4}(U_{AB1} - U_{AB2} + U_{AB3} - U_{AB4}) = U_H + U_E \quad (3.7.14)$$

可见，除爱廷豪森效应以外的其他负效应产生的电势差会全部消除，因爱廷豪森效应所产生的电势差 U_E 的符号和霍尔电势 U_H 的符号，与 I_S 及 B 的方向关系相同，故无法消除，但在非大电流、非强磁场下，$U_H \gg U_E$，因而 U_E 可以忽略不计，由此可得

$$U_H \approx U_H + U_E = \frac{U_1 - U_2 + U_3 - U_4}{4} \quad (3.7.15)$$

五、注意事项

①当霍尔片未连接到实验架，并且实验架与测试仪未连接好时，严禁开机加电，否则，极易使霍尔片遭受冲击电流而使霍尔片损坏。

②霍尔片性脆易碎、电极易断，严禁用手去触摸，以免损坏。在需要调节霍尔片位置时，必须谨慎。

③加电前必须保证测试仪的"I_S 调节"和"I_M 调节"旋钮均置零位（即逆时针旋到底），严防 I_S、I_M 电流未调到零就开机。

④测试仪的"I_S 输出"接实验架的"I_S 输入"，"I_M 输出"接"I_M 输入"。绝不允许将"I_M 输出"接到"I_S 输入"处，否则一旦通电，会损坏霍尔片。

⑤为了不使电磁铁线圈过热而受到损害，或影响测量精度，除在短时间内读取有关数据外，其余时间最好断开 I_M 励磁电流或者调到最小。

⑥移动尺的调节范围有限。在调节到两边停止移动后，不可继续调节，以免因错位而损坏移动尺。

六、思考题

①霍尔电压是怎样产生的？它的大小、方向分别与哪些因素有关？

②本实验的磁场是如何产生的？

③什么是霍尔效应？利用霍尔效应测磁场时，需要测量哪些物理量？

实验八 铁磁材料的磁滞回线和基本磁化曲线

在各类磁介质中,应用最广泛的是铁磁物质。在 20 世纪初期,铁磁材料主要用在电机制造业和通信器件中,如发电机、变压器和电磁表头。自 20 世纪 50 年代后,随着计算机和信息科学的发展,铁磁材料被用于信息的存储和记录,如磁带、磁盘、U 盘,不仅可存储数字信息,也可存储随时间变化的信息。因此,对铁磁材料性能的研究,无论在理论上还是实用上都有很重要的意义。

一、实验目的

①认识铁磁物质的磁化规律,比较两种典型的铁磁物质动态磁化特性。
②测定样品的基本磁化曲线,作 μ-H 曲线。
③计算样品的 H_c、B_r、H_m、B_m 和 W_{BH} 等参数。
④测绘样品的磁滞回线,估算其磁滞损耗。

二、实验仪器

磁滞回线测试仪、磁滞回线实验仪和示波器。

三、实验原理

(1)铁磁材料的磁滞现象

铁磁物质是一种性能特异,用途广泛的材料。铁、钴、镍及其众多合金以及含铁的氧化物(铁氧体)均属铁磁物质。其特征是在外磁场作用下能被强烈磁化,故磁导率 μ 很高。另一特征是磁滞,即磁化场作用停止后,铁磁质仍保留磁化状态,图 3.8.1 为铁磁物质磁感应强度 B 与磁化场强度 H 之间的关系曲线。

图 3.8.1 中的原点 0 表示磁化之前铁磁物质处于磁中性状态,即 $B=H=0$,当磁场 H 从零开始增加时,磁感应强度 B 随之缓慢上升,如线段 $0a$ 所示,继之 B 随 H 迅速增长,如 ab 所示,

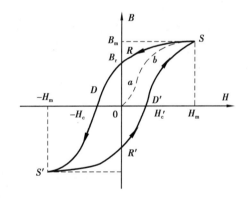

图 3.8.1 铁磁材料的起始磁化曲线和磁滞回线

其后 B 的增长又趋缓慢,并当 H 增至 H_m 时,B 到达饱和值,$0abS$ 称为起始磁化曲线,图 3.8.1表明,当磁场从 H_m 逐渐减小至 0,磁感应强度 B 并不沿起始磁化曲线恢复到"0"点,而是沿另一条新曲线 SR 下降,比较线段 $0S$ 和 SR 可知,H 减小 B 相应也减小,但 B 的变化滞后于 H 的变化,这现象称为磁滞,磁滞的明显特征是当 $H=0$ 时,B 不为零,而保留剩磁 B_r。

当磁场反向从 0 逐渐变至 $-H_c$ 时,磁感应强度 B 消失,说明要消除剩磁,必须施加反向磁场,H_c 称为矫顽力,它的大小反映铁磁材料保持剩磁状态的能力,线段 RD 称为退磁曲线。

图 3.8.1 还表明,当磁场按 $H_m \to 0 \to -H_c \to -H_m \to 0 \to H_c \to H_m$ 次序变化时,相应的磁感应强度 B 则沿闭合曲线 $SRDS'R'D'S$ 变化,这条闭合曲线称为磁滞回线,所以,当铁磁材料处于交变磁场中时(如变压器中的铁芯),将沿磁滞回线反复被磁化→去磁→反向磁化→反向去磁。在此过程中要消耗额外的能量,并以热的形式从铁磁材料中释放,这种损耗称为磁滞损耗。可以证明,磁滞损耗与磁滞回线所围面积成正比。

应该说明,当初始态为 $H = B = 0$ 的铁磁材料,在交变磁场强度由弱到强,依次进行磁化,可以得到面积由小到大向外扩张的一簇磁滞回线,如图 3.8.2 所示。这些磁滞回线顶点的连线称为铁磁材料的基本磁化曲线,由此可近似确定其磁导率 $\mu = B/H$,因 B 与 H 的关系成非线性,故铁磁材料的 μ 不是常数,而是随 H 而变化(图 3.8.3)。铁磁材料相对磁导率可高达数千乃至数万,这一特点是它用途广泛的主要原因之一。

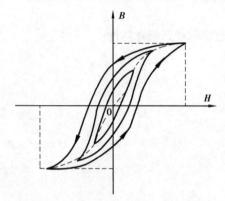

图 3.8.2　同一铁磁材料的一簇磁滞回线　　　　　　图 3.8.3　铁磁材料与 H 的关系

可以说磁化曲线和磁滞回线是铁磁材料分类和选用的主要依据,图 3.8.4 所示为常见的两种典型的磁滞回线。其中软磁材料磁滞回线狭长、矫顽力、剩磁和磁滞损耗均较小,是制造变压器、电机和交流磁铁的主要材料。而硬磁材料磁滞回线较宽,矫顽力大,剩磁强,可用来制造永磁体。

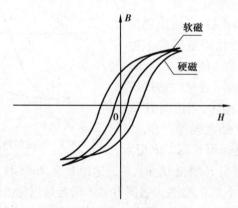

图 3.8.4　不同材料的磁滞回线

(2)用示波器观察和测量磁滞回线的实验原理和线路

观察和测量磁滞回线和基本磁化曲线的线路如图 3.8.5 所示。

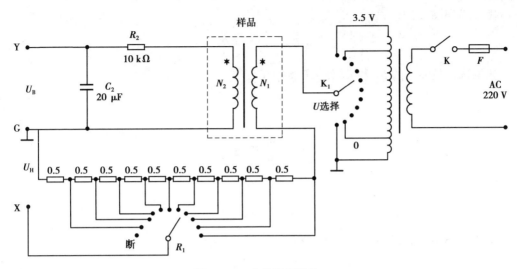

图 3.8.5　实验原理线路

待测样品 EI 型矽钢片，N_1 为励磁绕组，N_2 为用来测量磁感应强度 B 而设置的绕组。R_1 为励磁电流取样电阻，设通过 N_1 的交流励磁电流为 i，根据安培环路定律，样品的磁化场强

$$H = \frac{N_1 \cdot i}{L} \tag{3.8.1}$$

L 为样品的平均磁路长度，其中

$$i = \frac{U_H}{R_1} \tag{3.8.2}$$

所以

$$H = \frac{N_1}{LR_1} \cdot U_H \tag{3.8.3}$$

式中　N_1，L，R_1 均为已知常数，所以由 U_H 可确定 H。

在交变磁场下，样品的磁感应强度瞬时值 B 是测量绕组和 $R_2 C_2$ 电路给定的，根据法拉第电磁感应定律，由于样品中的磁通 Φ 的变化，在测量线圈中产生的感生电动势的大小为

$$\varepsilon_2 = N_2 \frac{\mathrm{d}\Phi}{\mathrm{d}t} \tag{3.8.4}$$

$$\Phi = \frac{1}{N_2}\int \varepsilon_2 \mathrm{d}t \tag{3.8.5}$$

$$B = \frac{\Phi}{S} = \frac{1}{N_2 S}\int \varepsilon_2 \mathrm{d}t \tag{3.8.6}$$

式中　S——样品的截面积。

如果忽略自感电动势和电路损耗，则回路方程为

$$\varepsilon_2 = i_2 R_2 + U_B \tag{3.8.7}$$

式中　i_2——感生电流；

U_B——积分电容 C_2 两端电压设在 Δt 时间内，i_2 向电容 C_2 充电电量为 Q，则

$$U_B = \frac{Q}{C_2} \tag{3.8.8}$$

代入式(3.8.7)有

$$\varepsilon_2 = i_2 R_2 + \frac{Q}{C} \tag{3.8.9}$$

如果选取足够大的 R_2 和 C_2 使 $i_2 R_2 \gg Q/C_2$，则

$$\varepsilon_2 = i_2 R_2 \tag{3.8.10}$$

因为

$$i_2 = \frac{dQ}{dt} = C_2 \frac{dU_B}{dt} \tag{3.8.11}$$

所以

$$\varepsilon_2 = C_2 R_2 \frac{dU_B}{dt} \tag{3.8.12}$$

由式(3.8.6)、式(3.8.12)两式可得

$$B = \frac{C_2 R_2}{N_2 S} U_B \tag{3.8.13}$$

式中，C_2，R_2，N_2 和 S 均为已知常数。所以由 U_B 可确定 B。

综上所述，只要将图3.8.5中的 U_H 和 U_B 分别加到示波器的"X 输入"和"Y 输入"便可观察样品的 B-H 曲线，并可用示波器测出 U_H 和 U_B 值，进而根据公式计算出 B 和 H；用该方法，还可求得饱和磁感应强度 B_m、剩磁 B_r、矫顽力 H_c、磁滞损耗 W_{BH} 以及磁导率 μ 等参数。

四、实验内容与步骤

①电路连接：选样品1或2，其样品参数见七、补充说明(1)。按实验仪上所给的电路图(图3.8.5)连接线路，并令 $R_1 = 1.5\ \Omega$，"U 选择"置于0位。U_H 和 U_B 分别接示波器的"X 输入"和"Y 输入"，插孔为公共端。

②样品退磁：开启实验仪电源，对试样进行退磁，即顺时针方向转动"U 选择"旋钮，令 U 从0增至3.5 V。然后逆时针方向转动旋钮，将 U 从最大值降为0。其目的是消除剩磁。确保样品处于磁中性状态，即 $B = H = 0$，如图3.8.6所示。

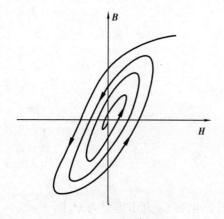

图3.8.6 退磁示意图

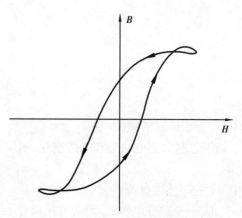

图3.8.7 调节不当引起的畸变现象

③观察磁滞回线:开启示波器电源,令光点位于坐标网格中心,令 $U=0.5$ V,并分别调节示波器 X 和 Y 轴的灵敏度,使显示屏上出现图形大小合适的磁滞回线。若图形顶部出现编织状的小环,如图 3.8.7 所示,这可降低励磁电压 U 予以消除。

④观察基本磁化曲线:按步骤②对样品进行退磁,从 $U=0$ 开始,逐挡提高励磁电压,将在显示屏上得到面积由小到大一个套一个的一簇磁滞回线。

⑤开启测试仪电源,设定参数: $L=75$ mm, $S=120$ mm^2, $N_1=60$ 匝(红)/90 匝(黑), $N_2=200$ 匝, $C_2=20$ μF, $R_1=1.5$ Ω, $R_2=10$ kΩ。

⑥测绘所选样品的基本磁化曲线 $B\text{-}H$ 与 $\mu\text{-}H$ 曲线。依次测定 $U=0.5,0.9,\cdots,3.5$ V 时的 10 组 H_m、B_m 值,计算出相应 μ 值,填入表 3.8.1,并作 $B\text{-}H$ 和 $\mu\text{-}H$ 曲线。

⑦设定 $U=1.5$ V,测定样品的 B_r、H_c、B_m、H_m 和 W_{BH} 等参数。

⑧测绘磁滞回线:设定 $U=2.1$ V,测定材料的磁滞回线。

表 3.8.1 基本磁化曲线 $B\text{-}H$ 与 $\mu\text{-}H$ 曲线数据记录表

$U/$V	$H_m \times 10^3/(\text{A}\cdot\text{m}^{-1})$	$B_m \times 10/\text{T}$	$\mu=B/H$
0.5			
0.9			
1.2			
1.5			
1.8			
2.1			
2.4			
2.7			
3.0			
3.5			

五、注意事项

①测量磁滞回线前,应对样品进行去磁处理。

②仪器使用后应关闭电源。

六、思考题

①什么是铁磁材料的基本磁化曲线?

②什么是磁滞回线?

③基本磁化曲线中包含哪些特殊点?其含义是什么?

④测绘磁滞回线和基本磁化曲线时,为什么要先退磁?

七、补充说明

(1) DH4516 型磁滞回线实验仪使用说明书

磁性材料的应用非常广泛,从常用的永久磁铁、变压器铁芯到录音、录像、计算机存储用的磁带、磁盘等都采用磁性材料。磁滞回线和基本磁化曲线反映了磁性材料的主要特征。本仪器结合示波器可用于观察铁磁材料的基本磁化曲线和磁滞回线,并可计算出相应的 H_m、B_m 和 μ 值,估算磁滞损耗的大小。

仪器由励磁电源、试样、实验面板和其他器件组成。

①励磁电源:由变压器对 220 V、50 Hz 市电进行隔离、降压后,提供样品的磁化电压,共分 11 挡,即 0,0.5,0.9,1.2,1.5,1.8,2.1,2.4,2.7,3.0 和 3.5 V,通过波段开关可选择不同的磁化电压。

②样品:样品 1 和样品 2 均采用 EI 型铁芯,其尺寸(平均磁路长度 L 和截面积 S)相同,但磁导率不同。两者的励磁绕组匝数 N_1 不同,测量绕组的匝数相等。数值分别为: $N_1 = 60$ 匝(红)/90 匝(黑),$N_2 = 200$,$L = 75$ mm,$S = 120$ mm^2。

③实验面板及其他元件:面板上装有电源开关、样品 1、样品 2,励磁电源"U 选择"和励磁电流的取样电阻"R_1 选择",以及为测量磁感应强度 B 所设定的积分电路元件 R_2、C_2 等。以上元件用专用导线连接就可进行实验。另外面板左边还有 U_B、U_H 的输出插孔,用来连接示波器,以观察磁滞回线或用交流毫伏表进行测量。

(2) DH4516A(B) 微机型(智能型)磁滞回线测试仪使用说明

1) 微机型(智能型)磁滞回线测试仪的基本组成

DH4516A 为微机型;DH4516B 为智能型,不带微机接口。由两路输入信号[即 $U_H(x)$、$U_B(y)$]放大、两路信号数据采集、同步信号采样、数据存储、单片微机控制器(AT89C51 或 89C52)控制及数据采集处理软件、输入键盘、输出液晶显示器、串行通信接口及微机控制显示界面等组成,组成框图如图 3.8.8 所示。

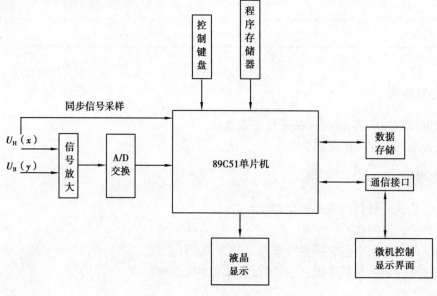

图 3.8.8　组成框图

测试仪与实验仪配合使用,通过定量测定铁磁材料在磁化过程中的 H 和 B 值,计算其剩磁、矫顽力、磁滞损耗等参数,并能在计算机上显示磁滞回线图、剩磁、矫顽力、磁滞损耗。

2)测试仪面板布置图

测试仪面板布置如图 3.8.9 所示,显示输出选用点阵式液晶显示器。

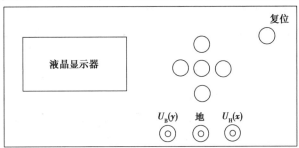

图 3.8.9　测试仪面板

3)测试仪所用参数及瞬时 H 与 B 的计算公式

L 待测样品平均磁路长度: $L=75$ mm;

S 待测样品横截面积: $S=120$ mm^2;

N 待测样品励磁绕组匝数: $N=60$ 匝(红)/90 匝(黑)(即说明书中的 N_1);

n 待测样品磁感应强度 B 的测量绕组匝数: $n=200$(即说明书中的 N_2);

R_1 励磁电流取样电阻: $R_1=0.5\sim5$ Ω;

R_2 积分电阻: $R_2=10$ kΩ;

C_2 积分电容: $C_2=20$ μF。

计算公式:

$$H=\frac{NU_H}{LR_1} \tag{3.8.14}$$

$$B=\frac{U_B R_2 C_2}{nS} \tag{3.8.15}$$

4)测量

①先用示波器观测磁滞回线图,正常后,将实验仪与测试仪连接,然后分别打开测试仪、实验仪电源。测试仪液晶显示器显示"欢迎使用磁滞回线测试仪"。

②测试仪面板按键。

a. 功能键:用于选取操作功能,每按一次键,将在液晶显示器上显示相应的功能;如需重复测量,则可以按功能键循环。

b. 确认键:当选定某一功能后,按下此键,即可执行功能。

c. 数字键(0~9):可用于修改参数,当修改完每一个参数后,按一下确认键,修改即有效,否则修改无效。

d. 复位键:开机后,液晶显示器显示"欢迎使用磁滞回线测试仪"。当测试过程中由于某种干扰,出现工作不正常时,应按此键,使测试仪恢复正常工作,这时设定的参数恢复为出厂默认值。

③测试仪操作。

a. 显示和修改所测样品的 N 与 L 值:开机或复位后,液晶显示器显示"欢迎使用磁滞回线测试仪",按功能键,显示"$N=00150$ 匝"、"$L=075.0$ 毫米",如要修改参数值,可以按数字键,例如依次按"00100",在修改完后,按确认键,N 即修改为00100匝。

b. 显示和修改所测样品的 n 与 S 值:按功能键,显示"$n=0150$ 匝""$S=120.0$ 毫米2","毫米2"表示平方毫米,如要修改参数值,可以按数字键,在修改完后,按确认键,认可修改参数。

c. 显示和修改电阻值 R_1:按功能键,显示"R1=0.5 Ω",如要修改参数值,可以按数字键,在修改完后,按确认键,认可修改参数。

d. 显示和修改电阻值 R_2:按功能键,显示"R2=10.0 kΩ",如要修改参数值,可以按数字键,在修改完后,按确认键,认可修改参数。

e. 显示和修改电阻值 C_2:按功能键,显示"C2=20.0 μF",如要修改参数值,可以按数字键,在修改完后,按确认键,认可修改参数。

f. 数据采集和显示:按功能键,等待片刻后将显示"采集完成",说明数据已采集完成;按一次确认键显示一组 H-B 数据,数据显示格式如下:

```
n=×××
H=×××××
B=×.××
```

其中,第一行显示当前的数据序号,第二行显示当前的磁场强度,第三行显示当前的磁感应强度。

g. 显示每周期采样的总点数 n 和测试信号的频率 f。按功能键显示如下:

```
n=×××
f=××.×
```

h. 显示磁滞回线的矫顽力和剩磁。按功能键,显示如下:

```
矫顽力=××××
剩磁=××.×
```

i. 显示磁滞回线的磁场强度 H_m 和磁感应强度 B_m。按功能键,显示如下:

```
磁场强度 Hm=××××
磁感应强度 Bm=××.××
```

j. 显示样品的磁滞损耗和 H-B 的相位差。按功能键,显示如下:

```
磁滞损耗=××××
H-B=×××.×
```

实验九　半导体热敏电阻特性的研究

热敏电阻是由对温度非常敏感的半导体陶瓷质工作体构成的元件。与一般常用的金属电阻相比,它有大得多的电阻温度系数值。热敏电阻作为温度传感器具有用料省、成本低、体积小等优点,可以简便灵敏地测量微小温度的变化,在很多科学研究领域都有广泛的应用。

一、实验目的

①研究热敏电阻的温度特性。
②进一步掌握惠斯通电桥的原理和应用。
③学习坐标变换、曲线改直的技巧。

二、实验仪器

箱式惠斯通电桥、控温仪、热敏电阻、直流电稳压电源等。

三、实验原理

半导体材料做成的热敏电阻是对温度变化表现出非常敏感的电阻元件,它能测量出温度的微小变化,并且体积小,工作稳定,结构简单。因此,它在测温技术、无线电技术、自动化和遥控等方面都有广泛的应用。

半导体热敏电阻的基本特性是它的温度特性,而这种特性又是与半导体材料的导电机制密切相关的。由于半导体中的载流子数目随温度升高而按指数规律迅速增加。温度越高,载流子的数目越多,导电能力越强,电阻率也就越小。因此热敏电阻随着温度的升高,它的电阻将按指数规律迅速减小。

实验表明,在一定温度范围内,半导体材料的电阻 R_T 和绝对温度 T 的关系可表示为

$$R_T = a\mathrm{e}^{\frac{b}{T}} \tag{3.9.1}$$

式中,常数 a 不仅与半导体材料的性质而且与它的尺寸均有关系,而常数 b 仅与材料的性质有关。常数 a、b 可通过实验方法测得。例如,在温度 T_1 时测得其电阻为 R_{T1}

$$R_{T1} = a\mathrm{e}^{\frac{b}{T_1}} \tag{3.9.2}$$

在温度 T_2 时测得其阻值为 R_{T2}

$$R_{T2} = a\mathrm{e}^{\frac{b}{T_2}} \tag{3.9.3}$$

将以上两式相除,消去 a 得

$$\frac{R_{T1}}{R_{T2}} = \mathrm{e}^{b\left(\frac{1}{T_1} - \frac{1}{T_2}\right)} \tag{3.9.4}$$

再取对数,有

$$b = \frac{\ln R_{T1} - \ln R_{T2}}{\dfrac{1}{T_1} - \dfrac{1}{T_2}} \tag{3.9.5}$$

把由此得出的 b 代入式(3.9.2)或式(3.9.3)中,又可算出常数 a,由这种方法确定的常数 a 和 b 误差较大,为减少误差,常利用多个 T 和 R_T 的组合测量值,通过作图的方法(或用回归法最好)来确定常数 a、b,为此取式(3.9.1)两边的对数。变换成直线方程

$$\ln R_T = \ln a + \frac{b}{T} \tag{3.9.6}$$

或写作

$$Y = A + BX \qquad (3.9.7)$$

式中，$Y = \ln R_T$，$A = \ln a$，$B = b$，$X = 1/T$，然后取 X、Y 分别为横、纵坐标，对不同的温度 T 测得对应的 R_T 值，经过变换后作 X-Y 曲线，它应当是一条截距为 A、斜率为 B 的直线。根据斜率求出 b，又由截距可求出

$$a = e^A \qquad (3.9.8)$$

确定了半导体材料的常数 a 和 b 后，便可计算出这种材料的激活能

$$E = bK \qquad (3.9.9)$$

式中　K——玻尔兹曼常数，其值见附录。

以及求出这种材料的电阻温度系数

$$\alpha = \frac{1}{R_T} \frac{\mathrm{d}R_T}{\mathrm{d}T} = -\frac{b}{T^2} \times 100\% \qquad (3.9.10)$$

显然，半导体热敏电阻的温度系数是负的，并与温度有关。

热敏电阻在不同温度时的电阻值，可用惠斯通电桥测得。

四、实验内容与步骤

用电桥法测量半导体热敏电阻的温度特性。

①按图 3.9.1 实验装置接好电路，安置好仪器。

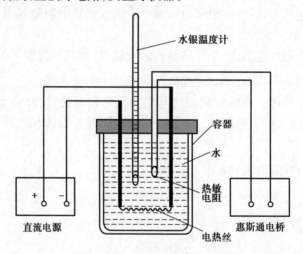

图 3.9.1　电路连接示意图

②在容器内盛入水，开启直流电源开关，在电热丝中通以 2.5～3.0 A 的电流，对水加热，使水温逐渐上升，温度由水银温度计读出。热敏电阻的两条引出线连接到惠斯通电桥的待测电阻 R_X 二接线柱上。

③测试的温度从 20 ℃ 开始，每增加 5 ℃ 测量一次，直到 85 ℃ 止。把实验测量数据填入表 3.9.1 中，并作 R_T-t 曲线。

表 3.9.1　电桥法测量半导体热敏电阻数据记录表

温度/℃	升温读数	倍　率	降温读数	倍　率	R_0 均值	$1/T$	$\ln R_\mathrm{T}$
20							
25							
30							
35							
40							
45							
50							
55							
60							
65							
70							
75							
80							
85							

④作 $\ln R_\mathrm{T}$-$1/T$($T=273+t$)直线,求此直线的斜率 B 和截距 A,由此算出常数 a 和 b 值,有条件者,最好用回归法代替作图法求常数 a 和 b 值。

⑤根据求得的 a、b 值,计算出半导体热敏电阻的激活能 E 和温度系数 α。

五、思考题

①半导体热敏电阻具有怎样的温度特性?

②怎样用实验的方法确定式(3.9.1)中的 a、b?

③利用半导体热敏电阻的温度特性,能否制作一只温度计?

六、补充说明

惠斯通电桥原理如下所述。

箱式惠斯通电桥的基本特征是,在恒定比值 R_1/R_2 下,变动 R_b 的大小,使电桥达到平衡。它的线路结构和滑线式电桥相似,只是把各个仪表都装在木箱内,便于携带,因此叫箱式电桥,其形式多样。

惠斯通电桥(也称单臂电桥)的电路如图 3.9.2 所示,4 个电阻 R_1、R_2、R_b、R_X 组成一个四边形的回路,每一边称作电桥的"桥臂",在对角 AD 之间接入电源,而在另一对角 BC 之间接入检流计,构成所谓"桥路"。所谓"桥"本身的意思就是指这条对角线 BC 而言。它的作用就是把"桥"的两端点联系起来,从而将这两点的电位直接进行比较。B、C 两点的电位相等时称作电桥平衡。反之,称作电桥不平衡。检流计是为了检查电桥是否平衡而设的,平衡时检流计无电流通过。用于指示电桥平衡的仪器,除了检流计外,还有其他仪表,它们称为"示零器"。

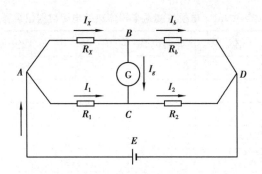

图 3.9.2　惠斯通电桥

当电桥平衡时,B 和 C 两点的电位相等,故有 $V_{AB}=V_{AC}$ 和 $V_{BD}=V_{CD}$。由于平衡时 $I_g=0$,所以 B、C 间相当于断路,故有 $I_1=I_2$ 和 $I_X=I_b$,所以有 $I_X R_X=I_1 R_1$ 和 $I_b R_b=I_2 R_2$,可得:

$$R_1 R_b = R_2 R_X \tag{3.9.11}$$

或

$$R_X = \frac{R_1}{R_2} R_b \tag{3.9.12}$$

式(3.9.11)和式(3.9.12)是由"电桥平衡"推出的结论。反之,也可以由式(3.9.11)和式(3.9.12)推证出"电桥平衡"来。因此 $R_1 R_b = R_2 R_X$ 称为电桥平衡条件。

如果在 4 个电阻中的 3 个电阻值是已知的,即可利用 $R_1 R_b = R_2 R_X$ 式求出另一个电阻的阻值。这就是应用惠斯通电桥测量电阻的原理(图 3.9.3)。

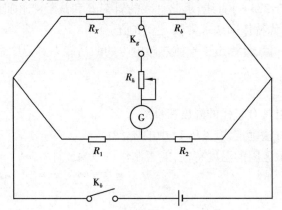

图 3.9.3　惠斯通电桥测量电阻

上述用惠斯通电桥测量电阻的方法,也体现了一般桥式线路的特点,现在重点说明它的主要优点:

①平衡电桥采用了示零法——根据示零器的"零"或"非零"的指标,即可判断电桥是否平衡而不涉及数值的大小。因此,只需示零器足够灵敏就可以使电桥达到很高灵敏度,从而为提高它的测量精度提供了条件。

②用平衡电桥测量电阻方法的实质是拿已知的电阻和未知的电阻进行比较。这种比较测量法简单而精确。如果采用精确电阻作为桥臂,可以使测量的结果达到很高的精确度。

③由于平衡条件与电源电压无关,故可避免因电压不稳定而造成的误差。

实验十 光的偏振

光的干涉和衍射现象表明光是一种波动,但是这些现象还不能告诉我们光是横波还是纵波。光的偏振现象有力地证明了光是横波。历史上,早在光的电磁理论建立之前,在杨氏双缝实验成功之后,艾蒂安·路易斯·马吕斯(Etienne Louis Malus)于 1809 年就在实验上发现了光的偏振现象。

一、实验目的

找出通过两个偏振片的透射光强度与两个偏振片偏振化方向夹角 φ 之间的关系。

二、实验仪器

科学工作室 500 接口、光传感器、旋转运动传感器(RMS)、激光器、光具座、偏振片(2个)、计算机。

三、实验原理

某些物质能吸收某一方向上的光振动,而只让与这个方向垂直的光振动通过,这种性质称为二向色性。在透明薄片上涂上具有二向色性的材料,就成为偏振片。它只允许某一特定方向的光通过,这个方向就称为偏振化方向。

自然光入射到一个理想偏振片上,则只有一半光可以通过偏振片。但实际上并没有"理想"的偏振片,所以只有不到一半的光可以透过偏振片。透射光只在一个平面内偏振,如果这个偏振光入射到第二个偏振片上,而这个偏振片的偏振化方向垂直于入射光的偏振方向,则没有光可以透过第二个偏振片。如果第二个偏振片的偏振化方向与第一个偏振片的偏振化方向不垂直,则偏振光电场的某些部分会与第二个偏振片的偏振化方向位于同一方向。这样,有些光就可以透过第二个偏振片(图 3.10.1)。偏振光光矢量 E_0 的该分量 E,有

$$E = E_0 \cos \varphi \tag{3.10.1}$$

因为光强度随光矢量的平方而变化,所以透过第二个偏振片的光强有

$$I = I_0 \cos^2 \varphi \tag{3.10.2}$$

式中 I_0——透过第一个偏振片的光强;

φ——两个偏振片的偏振化方向之间的夹角。

这里,考虑两种极端的情况:

①如果 φ 等于零,第 2 个偏振片与第 1 个偏振片的偏振化方向一致,$\cos^2 \varphi$ 的值等于 1,则透过第 2 个偏振片的光强等于透过第 1 个偏振片的光强度。这种情况下,透射光的强度达到最大值。

②如果 φ 等于 90°,第 2 个偏振片与第 1 个偏振片的偏振化方向垂直,$\cos^2 90°$ 的值等于 0,则没有光透过第 2 个偏振片。这种情况下,透射光的强度达到最小值。

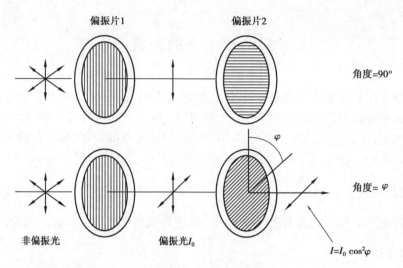

图 3.10.1 偏振光的检测

四、实验内容与步骤

(1) 系统的安装与调试

①按图 3.10.2 所示安装仪器,将科学工作室 500(Science Workshop)接口连接到计算机上,打开接口电源,启动计算机。

图 3.10.2 仪器安装

②将光传感器 DIN 插头连接到接口上的模拟通道 A。把转动传感器连接到数字通道口 1 和 2。

③启动设置 Data Studio 软件。

(2) 测量

①转动两偏振片处于相同初位置(两透光轴夹角为 0°)。

②启动数据监视器(单击"Start")。

③顺时针慢慢转动检偏器 1 周,转动 1 周后停止采集数据。

（3）数据分析

①用 Data Studio 软件使用图形显示分析光强-角度曲线。

②改变图形显示，分别显示出光强-角度余弦曲线和光强-角度余弦平方曲线。

五、思考题

①光强度-角度的图形是什么形状？

②光强度-角度余弦的图形是什么形状？

③光强度-角度余弦平方的图形是什么形状？

④假设偏振片是理想的，且第 1 个偏振片与第 2 个偏振片的偏振化方向相差 30°，则按同样的方法放置第 3 个偏振片的时候，理论上将会有多大比例的平面偏振光被投射出去？

实验十一　单缝衍射实验

当光在传播过程中经过障碍物，如不透明物体的边缘、小孔、细线、狭缝等时，一部分光会传播到几何阴影中去，产生衍射现象。如障碍物的尺寸与波长相近时，那么，这样的衍射现象就比较容易观察到。当一束平行光垂直照射宽度可与光的波长相比拟的狭缝时，会绕过缝的边缘向阴影区衍射从而形成衍射条纹，这种条纹称为单缝衍射条纹。分析这种条纹形成的原因，不仅有助于理解夫琅禾费衍射的规律，而且也是理解其他一些衍射现象的基础。

一、实验目的

①观察单缝衍射现象，分析其光强分布规律。

②利用单缝衍射原理，测量单缝宽度或入射光波长。

二、实验仪器

科学工作室、光传感器、转动传感器及一维运动附件、光具座及白屏、二极管激光器、单缝圆盘、白纸（贴屏用）、米尺。

三、实验原理

单缝衍射有两种，一种是菲涅耳衍射（Fresnel diffraction），单缝距光源和接收屏均为有限远或者说入射波和衍射波都是球面波；另一种是夫琅禾费衍射（Fraunhofer diffraction）（图 3.11.1），单缝距光源和接收屏均为无限远或者相当于无限远，即入射波和衍射波都可以看作平面波。

因激光的光束细、方向性好、亮度高，可近似看作平行光。因此用激光作为光源，将观察屏放在较远处（使其与单缝的距离远远大于缝宽），就可以满足夫琅禾费衍射的远场条件。

（1）衍射光路图满足条件

当激光照射在单缝上时，根据惠更斯-菲涅耳衍射原理，单缝上的每一点都可以看成向各个方向发射球面子波的新波源，由于子波叠加原理，在屏上可以得到一组平行于单缝的明暗相间的条纹，如图 3.11.2 所示。

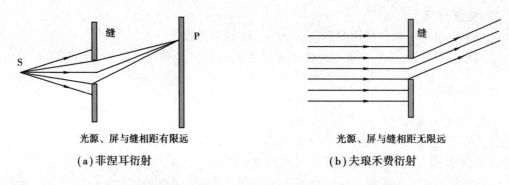

（a）菲涅耳衍射　　　　　　　　　　　（b）夫琅禾费衍射

图3.11.1　菲涅耳衍射和夫琅禾费衍射

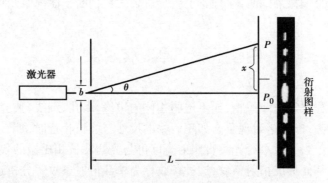

图3.11.2　单缝衍射图样

宽度为b的单缝产生夫琅禾费衍射图样需满足的条件是：

$$L \gg b \quad \sin \theta \approx \theta \approx \frac{x}{L}$$

（2）半定量分析单缝衍射明、暗条纹的位置及光强分布

如图3.11.3所示，衍射角为$\theta(\theta \neq 0)$的一束平行光被透镜会聚于屏幕上的Q点，但平行光束中各子波到达Q点的光程并不相等，所以在Q点的相位也不相同。作AC垂直于BC，显然AC面上的各点到达Q点的光程都相等，换句话说，从面AB发出的各子波射线在Q点的相位差就对应于从面AB到AC的光程差，由图3.11.3可见，点B发出的子波射线比A发出的子波射线多走了$BC = b \sin \theta$的光程。这是沿θ角方向各子波射线的最大光程差。根据菲涅耳提出的波带法，当衍射角θ和半波长的关系满足

$$b \sin \theta = \pm 2k \frac{\lambda}{2} = \pm k\lambda, \quad k = 1, 2, 3, \cdots$$

时，点Q处为暗条纹（中心）。而当衍射角θ和半波长的关系满足

$$b \sin \theta = \pm (2k + 1) \frac{\lambda}{2}, \quad k = 1, 2, 3, \cdots$$

时，点Q处为明条纹（中心）。$\pm k$分别表示对称分布于中央明纹两侧的一级条纹、二级条纹，下同。

当$\theta = 0$的一束平行光由垂直于透镜主光轴的AB波阵面发出，经透镜会聚后，由透镜的等光程原理，它们到达屏幕上O点的光程差总是零，并且由于AB是同相面，到达O点时仍保持相同的相位。因此O处的光矢量振幅为各分振动振幅的N倍，O称为中央明纹的中央位

置,两条一级暗纹之间的区域(即$-\lambda < b\sin\theta < \lambda$)对应着中央明纹的宽度。

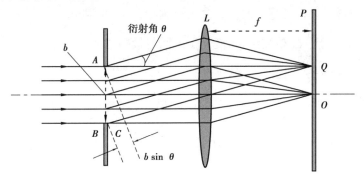

图 3.11.3　单缝衍射

通常情况下衍射角很小,如图 3.11.4 所示,这时 $b\sin\theta \approx b\tan\theta = b\dfrac{x}{f}$,即 $b\dfrac{x}{f} = \pm k\lambda (k=1,$

$2,3,\cdots)$时产生暗纹。由上式得 $x = \pm k\dfrac{\lambda f}{b},(k=1,2,3,\cdots)$。当 $k=1$ 时,一级暗纹 $x_1 = \pm\dfrac{\lambda f}{b}$ 两条,

对称分布于屏幕中央两侧。其他各级暗纹也两两对称分布。

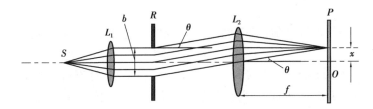

图 3.11.4　单缝衍射

明纹的宽度为:$\Delta x = x_{k+1} - x_k = \dfrac{\lambda f}{b}$(两条暗纹之间的距离)

中央明纹的宽度(即两个一级暗纹之间的距离)为:$\Delta x = x_1 - x_{-1} = 2\dfrac{\lambda f}{b}$。

除中央明纹以外,衍射条纹平行等距。其他各级明纹的宽度为中央明条纹宽度的 1/2。以 $\sin\theta$ 为横坐标的光强分布图如图 3.11.5 所示。

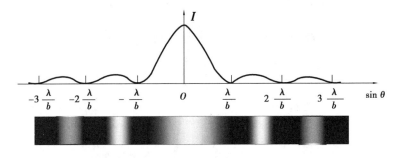

图 3.11.5　光强分布图

其光强分布特征为:

①中央明纹最亮、最宽,它的宽度为其他各级明纹宽度的 2 倍。

②次级明纹的光强随级次 k 的增加而逐渐减小,这是因为衍射角越大,分的波带数越多,未被抵消的波带面积越窄,波宽上的次波源数目越少,以致光强越小。

③若光程差不等于 $\frac{\lambda}{2}$ 的整数倍,亮度介于最明与最暗之间。

(3)求解入射光波长

中央明纹的宽度(即两个一级暗纹之间的距离)为:$\Delta x = x_1 - x_{-1} = 2\frac{\lambda f}{b}$,如果已知缝宽,可得波长的计算公式为:$\lambda = \frac{b\Delta x}{2L}$,本实验中 $f=L$。

四、实验内容与步骤

(1)系统的组装与调试
①把激光器安装在光具座的一端,把装有单缝圆盘的支架置于激光器前。
②将光传感器置于一维运动附件末端的夹子上,并使光传感器与一维运动附件互相垂直。
③将一维运动附件插入转动运动传感器插槽中,并将它们置于光具座的另一端的支架上。
④打开激光器,调节激光器与单缝圆盘的位置,使激光通过单缝得到清晰的呈水平方向的衍射图。
⑤调节衍射图样与光传感器的高度相同,并使光传感器在线性运动附件上运动时保持水平。
⑥将科学工作站 500 型接口连接到计算机上,打开接口和计算机电源。
⑦把光传感器的 DIN 插头连接到接口上的模拟通道 A,把转动传感器的立体声插头连接到接口的数字通道 1 和 2 口。
⑧打开 Data Studio 软件,选 500 型接口进行初始化和各项参数设置,准备作光强随位置变化的曲线图。

(2)数据采集
①调节发射器发射激光的方向,使其正对光传感器的中央。
②调节单缝缝宽 $b=0.04$ mm,调节光阑底架使衍射图像中心通过第五或第六条缝,慢慢移动光阑底架,让整条衍射图样缓慢通过光传感器,得到采集图样。

当 $L=20$ cm、$b=0.04$ mm 时,单缝衍射图样的测量数据如图 3.11.6 所示。

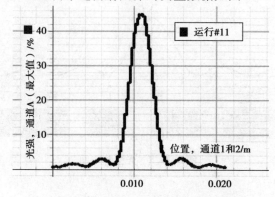

图 3.11.6　$a=0.04$ mm 单缝衍射标准图样

(3)数据记录与处理

测量数据与结果见表 3.11.1。

表 3.11.1　0.04 mm 单缝的测量数据与结果

缝宽 $b=0.04$ mm　　　　　$L=$　　　m

图　样	第一级($k=1$)				
	a	b	c	d	e
同级次暗条纹间距 Δx/m					
计算波长/nm					
平均值/nm					

$\overline{\lambda}=\dfrac{a+b+c+d+e}{5}=$　　　（nm）

$\Delta\lambda=S\lambda=\sqrt{\dfrac{\sum(\overline{\lambda}-\lambda_i)^2}{i-1}}=$　　　（nm）

$\overline{\lambda}=\dfrac{a+b+c+d+e}{5}=$　　　（nm）

$\lambda=\overline{\lambda}\pm\Delta\lambda=$　　　（nm）

五、思考题

当缝宽增加时,暗纹间的距离是增加还是减小?

实验十二　光栅衍射实验

在玻璃片上刻出许多等间距等宽度的平行线,刻痕处不透光,两刻痕间透光,这样平行排列的许多等间距、等宽度的狭缝就是透射式平面衍射光栅。光栅是一种重要的分光光学元件,广泛应用在摄谱仪、单色仪等光学仪器中。

一、实验目的

①了解光栅的衍射原理,观察光栅衍射现象。
②掌握在分光计上测量光栅常数、波长的实验方法。
③熟悉分光计的使用。

二、实验仪器

分光计、光栅、汞灯、双面反射镜。

三、实验原理

如图 3.12.1 所示,设 S 为位于透镜 L₁ 物方焦面上的细长狭缝光源,G 为光栅,光栅上相

邻狭缝的间距为 d，为光栅常量。自 L_1 射出的平行光垂直照射在光栅 G 上。透镜 L_2 将与光栅法线成 θ 角的衍射光会聚于其像方焦面上的 P_θ 点，则产生衍射亮条纹的条件为

$$d \sin \theta = k\lambda \qquad (3.12.1)$$

式中　　θ——衍射角；

λ——光波波长；

k——光谱级数（$k = 0, \pm 1, \pm 2, \cdots$）。

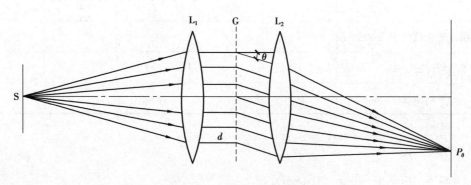

图 3.12.1　光栅衍射原理图

式（3.12.1）称为光栅方程。衍射亮条纹实际上是光源狭缝的衍射像，是一条锐细的亮线。当 $k = 0$ 时，在 $\theta = 0$ 的方向上，不同波长的亮线重叠在一起，形成明亮的零级像。对应于 k 的其他数值，不同波长的亮线出现在不同的方向上形成光谱，此时各波长的亮线成为光谱线。与 k 的正、负两组值相对应的两组光谱，对称的分布在零级像的两侧。

由光栅方程可以看出，若已知光栅常量 d，当测定出某谱线的衍射角 θ，即可求出该谱线的波长 λ。反之，若已知 λ，也可求出光栅常数 d。

四、实验内容与步骤

（1）分光计的调节

① 按"分光计的调节和使用"实验（参见实验十三）中所述的要求将分光计调整至使用状态。

② 将光栅置于载物台上，使光栅平面与载物台上两个调节螺丝连线的中垂线重合，如图 3.12.2 所示。利用光栅衬底玻璃的反射作用调节分光计，使从望远镜中看到的叉丝交点始终处于各谱线的同一高度。

③ 适当调节狭缝的宽度，使谱线有足够亮度。

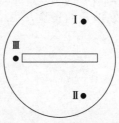

图 3.12.2　光栅放置图

（2）测定光栅常数 d

用望远镜观察各条谱线，然后测量 $k=\pm 1$ 级绿色谱线（$\lambda=546.1\ \text{nm}$）的衍射角，数据记录填入表 3.12.1 中，根据式（3.12.2）计算出衍射角，根据式（3.12.1）求出光栅常数 d。

$$\theta=\frac{1}{4}\left(\ \left|\ \theta_{+1}-\theta_{-1}\ \right|\ +\ \left|\ \theta'_{+1}-\theta'_{-1}\ \right|\ \right)\tag{3.12.2}$$

表 3.12.1　测量 $k=\pm 1$ 级绿色谱线的衍射角　　　　　　　　单位：（°）

测量序号	θ_{-1}	θ'_{-1}	θ_{+1}	θ'_{+1}	θ	$\bar{\theta}$
1						
2						
3						

（3）测量光波波长 λ

测量 $k=\pm 1$ 级紫色谱线的衍射角，数据记录填入表 3.12.2 中，利用已求出的光栅常数 d，根据式（3.12.1）计算出紫光波长。

表 3.12.2　测量 $k=\pm 1$ 级紫色谱线的衍射角　　　　　　　　单位：（°）

测量序号	θ_{-1}	θ'_{-1}	θ_{+1}	θ'_{+1}	θ	$\bar{\theta}$
1						
2						
3						

五、注意事项

①严禁用手触摸光栅表面刻痕，也不能用药剂清洗，使用时要特别细心，只能握住光栅的边缘。

②不可直视汞灯，以免对眼睛造成伤害。

③在读数过程中，应注意望远镜在转动过程中游标是否经过了刻度的零点。

六、思考题

①比较棱镜和光栅分光的主要区别。

②为什么紫光 1 级明纹的衍射角小于绿光 1 级明纹的衍射角？

③分析光栅面和入射平行光不严格垂直时对实验有何影响？

实验十三　分光计的调节与使用

分光计是一种常用的、比较精密的光学仪器，可以将普通光源转化为线状平行光，一方面可观察平行光通过各种光学器件后产生的光学现象，另一方面又可结合这些光学器件进行精确测量。如利用光的反射原理测量棱镜的角度,利用光的折射原理测量棱镜的最小偏向角,从而计算棱镜玻璃的折射率和色散率等,还可和光栅配合,做光的衍射实验、测量光波波长等。

一、实验目的

①了解分光计结构。
②学会调节和使用分光计。
③学习用反射法测量棱镜顶角。
④学习用自准法测量棱镜顶角。

二、实验仪器

分光计、三棱镜、平面镜、电源、光源。
分光计的类型较多,不同型号的分光计在结构上虽有所不同,但其主要组成部分却相似,一般包括三足底座、自准直望远镜、平行光管、载物台和刻度盘所组成,其结构如图 3.13.1 所示。

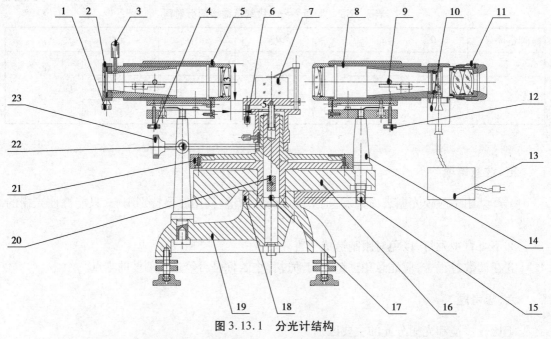

图 3.13.1 分光计结构

1—狭缝宽度调节手轮;2—狭缝体;3—狭缝体锁紧螺钉;4—平行光管俯仰螺钉;
5—平行光管;6—载物台调平螺钉;7—载物台;8—望远镜;9—调焦手轮;
10—灯源;11—目镜视度调节手轮;12—望远镜俯仰螺钉;13—直流稳压源;
14—望远镜支臂;15—望远镜微调螺钉;16—转座;17—止动螺钉;18—制动架;
19—底座;20—度盘止动螺钉;21—度盘;22—游标盘微调手轮;23—游标盘止动螺钉

①三足底座。底座上装有中心轴(又称主轴),轴上装有可绕轴转动的望远镜、刻度盘、游标盘和载物台,其中一个底脚的立柱上装有平行光管,望远镜可通过螺钉与刻度盘连在一起,载物台可通过螺钉与游标盘连在一起。

②望远镜。如图 3.13.2 所示,望远镜由套筒、物镜和阿贝式自准直目镜组成。阿贝式自准直目镜由全反射棱镜、十字形小孔、光源、分划板组成。这种结构的望远镜称为阿贝自准直望远镜。

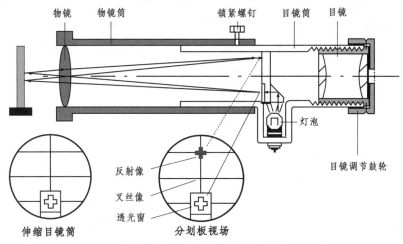

图 3.13.2　阿贝自准直望远镜

当旋紧望远镜与刻度盘联结螺钉,望远镜的支架和刻度盘固定在一起,可绕分光计中心轴旋转,其角位置可从游标盘上读出。当松开望远镜与刻度盘的联结螺钉时,望远镜和刻度盘可以相对转动。如果旋紧望远镜固定螺钉,借助望远镜微调螺钉,可以对望远镜角位置进行微调。

望远镜的水平度可由望远镜水平调节螺钉调节,左右偏斜度由望远镜左右偏斜度调节螺钉调节,望远镜的目镜可以沿光轴移动和转动,它和分划板的相对位置可由目镜调焦手轮调节。

③平行光管。平行光管的作用是把普通光源发出来的光转换为线状的平行光。其结构为:在镜筒的一端装有消色差透镜组,筒的另一端装有一个可伸缩的套筒,套筒末端有一狭缝装置。狭缝的宽度由狭缝宽度调节手轮调节,调节范围为 $0.02 \sim 2$ mm。当狭缝恰好位于透镜组的焦平面上时,平行光管出来的光为平行光束。平行光管的水平度可由平行光管的水平度螺钉调节,左右偏斜度由左右偏斜度调节螺钉调节。

④载物台。载物台是用来放置待测样品的圆形工作台面。当松开载物台锁紧螺钉,载物台可单独绕分光计中心轴转动或升降。如拧紧载物台锁紧螺钉,载物台则和游标盘固定在一起。游标止动螺钉用以固定游标盘的位置,调节游标微调螺钉可使之微动。

⑤刻度盘。刻度盘由角度刻度主尺和游标盘组成并套在中心轴上。在游标盘的某一直径的两端各装有一个游标读数装置,称为对径双游标。两个游标分居望远镜的左右侧,常称左游标和右游标。对径双游标具有消除偏心差(因刻度盘中心和仪器主轴中心的偏心所引起的误差)的作用。刻度盘主尺上刻有 720 等分的刻线,每一格的分度值为 30 分,游标上刻有 30 小格,其弧长与角度刻度主尺上的 29 个分格刻度相当,因此游标上的每一小格对应的角度为 $1'$。刻度盘和望远镜联动,用来测量望远镜的方向。读数时以游标上的"0"刻度线为准,读出刻度盘主尺的整数格读数,余下的通过游标进一步读出,游标的读法和游标卡尺相同。

为了消除仪器的偏心差,测量两个方向之间的夹角φ时,两个游标都应使用。如果测量得到两个方向"m"和"n"的读数分别为$m(\theta_m,\theta'_m)$和$n(\theta_n,\theta'_n)$,其中不带撇符号表示左游标读数,而带撇符号表示右游标的读数,那么测量结果按式$\varphi=\dfrac{1}{2}\left(\left|\theta_n-\theta_m\right|+\left|\theta'_n-\theta'_m\right|\right)$计算,便可消除偏心差。

读数过程中应当特别注意的是,测量某一夹角时,望远镜从某一方向转到另一方向时,如果中间有经过"0"刻度线,例如从340°经过0°转到20°或从30°经过0°转到330°,那么读数时,比较小的那个读数应该加上360°。

三、实验原理

(1)反射法测量棱镜的顶角

三棱镜有三个面,其中两个面经过抛光成光滑的平面,另一个面则经过打毛处理成为三棱镜的底面。所谓顶角指的是两个光滑的光学平面之间的夹角,即和底面正对的那个角。

把棱镜的顶角正对着分光计的平行光管,使平行光管发出的平行光束均分投射到棱镜的两个光学面上,按照光的反射定律,经棱镜的两个光学面反射后,反射光分别向两边分开,如图3.13.3所示。容易证明,顶角A与两反射光方向之间的夹角φ的关系为$A=\dfrac{\varphi}{2}$。根据此式,测量时只要把分光计的望远镜分别对准两反射光束,测量出两方向对应的读数(θ_1,θ'_1)和(θ_2,θ'_2),那么即可根据式(3.13.1)计算顶角的大小。

$$A=\frac{\varphi}{2}=\frac{1}{4}\left(\left|\theta_2-\theta_1\right|+\left|\theta'_2-\theta'_1\right|\right) \tag{3.13.1}$$

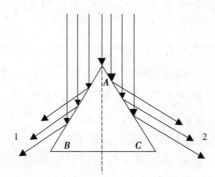

图3.13.3　反射法测量顶角原理图

(2)自准法测量棱镜的顶角

自准法测量棱镜顶角的摆放位置如图3.13.4所示。直线1和2直线分别与棱镜的两个反射面AC、AB垂直,直线1和直线2之间的夹角为φ,容易证明,φ与棱镜顶角A之间的关系为

$$A=180°-\varphi \tag{3.13.2}$$

根据式(3.13.1),采用分光计可以进行顶角的测量。测量方法是,先把棱镜置于载物台上,使顶角对准望远镜,之后把望远镜转到与棱镜的反射面AC垂直的位置,测量出此时望远

镜的方向,即直线 1 的方向(θ_1 , θ_1')。之后再把望远镜转到与反射面 AB 垂直的位置,测量望远镜的方向,即直线 2 的方向(θ_2 , θ_2'),那么棱镜顶角的计算公式为

$$A = 180° - \varphi = 180° - \frac{1}{2} \left(\left| \theta_2 - \theta_1 \right| + \left| \theta_2' - \theta_1' \right| \right) \tag{3.13.3}$$

望远镜与反射镜之间垂直的情况,可以利用自准直调焦目镜来判断,即当反射面反射过来的绿色"十"字像与目镜分划板上的叉丝重合时,望远镜与反射面垂直。通常把这种测量方法称为自准法。

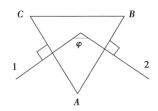

图 3.13.4　自准法测量棱镜顶角原理图

四、实验内容与步骤

(1)调节分光计

调节分光计之前务必熟悉分光计的结构以及各部分的调节要求,同时熟悉各个螺丝的作用以及对径双游标的作用和角度测量方法。具体调节步骤如下:

1)目测粗调使望远镜与平行光管大致共轴

把望远镜移到正对平行光管,目测两者是否共轴,若不共轴则分别调节"望远镜水平调节螺钉""平行光管水平调节螺钉""望远镜左右斜度调节螺钉""平行光管左右斜度调节螺钉"等螺丝使之大致共轴。

2)粗调载物台

调节载物台水平度调节螺丝使载物台台面与载物台托架或刻度盘大致平行。

3)望远镜调节

①目镜分划板清晰度调节。

观察目镜中的分划板,同时把目镜调焦手轮慢慢旋出,直至分划板上的叉丝处于最清晰的状态,如图 3.13.5 所示。

②应用自准法进行望远镜焦距调节使其适合观察平行光。

阿贝自准直望远镜自准调焦的原理如下:由光源发出的光经过全反射棱镜照到十字形小孔上,十字形小孔和分划板上的叉丝处于同一平面上,若它们正好处于物镜的焦平面时,则十字形小孔出来的光,通过物镜后成为平行光束射向反射平面。如果此平面与望远镜的光轴垂直,则反射平行光线再次通过望远镜物镜,仍会聚在焦平面(即十字所在平面)内,从而形成清晰的绿色亮十字,此时分划板与十字形小孔的像共面且没有视差。这样的光学系统构成一个适合观察平行光的望远镜。当望远镜与载物台上的平面反射镜垂直时,十字形小孔和它的像(绿色亮十字)的位置,分居于光轴的上下,并对称于光轴。如图 3.13.5 所示。

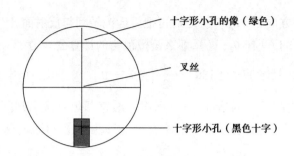

图 3.13.5 目镜分划板

a. 把目镜照明器接上电源,将分划板照亮。

b. 将双面反射镜放在载物台上,位置如图 3.13.6(a)所示。

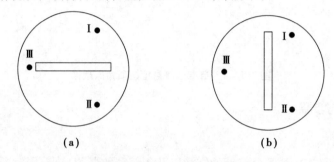

(a)   (b)

图 3.13.6 双面反射镜放置图

c. 视线要与望远镜等高,并从望远镜侧面观察,看到反射平面内有一亮十字,然后从望远镜正面观察,缓慢地转动载物台,亮十字随之移动,继续转动载物台,当反射平面正对望远镜时,在望远镜中可看到一光斑,这就是十字发出的光经反射回来所成现象。

d. 松开目镜锁紧螺钉,前后移动套筒,使亮十字和它的反射像成无视差的清晰像。此时,望远镜就对于无穷远聚焦,旋紧螺钉。

③应用各半调节法,调节望远镜的光轴与仪器的主轴垂直。

a. 当望远镜内出现清晰的亮十字后,亮十字一般不在如图 3.13.7 所示的准确位置(即亮十字与分划板上方的十字刻线重合),亮十字可能与分划板上方的十字刻线有一高度差 h,如图 3.13.7(a)所示。调节载物台调平螺钉 I 或 II,使高差 h 减小一半,如图 3.13.7(b)所示。再调节望远镜水平度调节螺钉,使高差完全消除,如图 3.13.7(c)所示。此方法称为各半调节法(或逐步逼近法)。

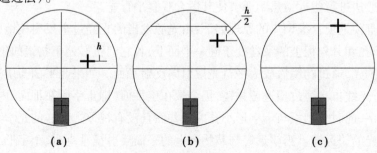

(a)   (b)   (c)

图 3.13.7 各半调节法

　　b.转动载物台,使反射平面转过180°,则亮十字可能又偏离准确位置。用a中所述的各半调节法,使亮十字达到准确位置。

　　c.重复两步骤,直到亮十字经过双面反射镜正、反两面反射后均能在望远镜中处在准确位置,则望远镜的主轴垂直于仪器的主轴。

　　4)调节载物台

　　如果要使载物台与仪器的主轴垂直,应将双面反射镜转过90°放置方式如图3.13.6(b)所示。然后将载物台转动90°,并调节螺钉Ⅲ(其他两个不动)使亮十字到达准确位置。

　　5)调节平行光管使其出射平行光

　　平行光管的调节必须借助前面已调好的望远镜来调节。

　　①移动分光计使平行光管正对光源。

　　②把望远镜转到正对平行光管的位置上,从望远镜中观察平行光管狭缝的像(如果看不到狭缝像可检查狭缝的宽度或望远镜是否对准平行光管),同时调节平行光管上的狭缝装置在平行光管轴线上的位置,直到狭缝的像最清晰为止,此时平行光管射出平行光。

　　③旋转狭缝机构,使狭缝与目镜分划板的水平刻线平行,调节平行光管水平调节螺钉,使狭缝与目镜视场中心的水平刻线重合。

　　④将狭缝转过90°,使狭缝的像与目镜分划板的竖直叉丝平行。然后把狭缝宽度调整适中(约0.50 mm)。

　　(2)反射法测量三棱镜顶角

　　①如图3.13.3所示,将三棱镜放在载物台上(注意三棱镜的顶点应放在靠近载物台中心,底面靠近望远镜),让棱镜顶角对准平行光管,则平行光管射出的光束较好地照在棱镜的两个反射面 AC 面和 AB 面上(如果高度不够的话,可以提高载物台高度)。

　　②根据光的反射定律,分析一下经两个反射面反射过来的反射光的大致方向。

　　③将望远镜转到两反射光的方向上观察经两反射面反射出来的狭缝的像,同时观察两个像的高度是否相同,如果不相同,必须调整载物台的调平螺丝使之等高。

　　④将望远镜转到位置"1"处,微调望远镜位置,使分划板的竖直叉丝对准狭缝像,从角度刻度盘的左、右游标上分别读取方向"1"的读数 θ_1 和 θ_1'。

　　⑤将望远镜转到位置"2"处,微调望远镜位置,使竖直叉丝对准狭缝的像,再次从角度刻度盘的左、右游标上读取方向"2"的读数 θ_2 和 θ_2'。

　　⑥将测量的数据记录到表3.13.1中,并计算三棱镜顶角的平均值及不确定度。

表 3.13.1　反射法测量三棱镜顶角　　　　　单位:(°)

测量序号	θ_1	θ_1'	θ_2	θ_2'	A
1					
2					
3					

　　(3)自准法测量棱镜的顶角

　　①如图3.13.4所示,将三棱镜置于分光计的载物台上(载物台面必须与仪器主轴垂直),

三棱镜的顶角正对望远镜。

②转动望远镜分别与棱镜的反射面 AC、AB 垂直,寻找由 AC、AB 面反射过来的绿色十字,并观察两个十字高度是否相同。如不相同则通过调节载物台的调平螺丝使之等高。

③转动望远镜使之与棱镜的反射面 AC 垂直,即目镜中的绿色十字与分划板上的叉丝重合。记下此时望远镜的方向读数 θ_1 和 θ_1'。

④保证三棱镜不动的情况下,再把望远镜转到与棱镜的 AB 面垂直,即目镜中的绿色十字与分划板上的叉丝重合。记下此时望远镜的方向读数 θ_2 和 θ_2'。

⑤将测量的数据记录到表 3.13.2 中,并计算棱镜顶角的平均值及不确定度。

表 3.13.2　自准法测量三棱镜顶角　　　　　　　单位:(°)

测量序号	θ_1	θ_1'	θ_2	θ_2'	A
1					
2					
3					

五、注意事项

①分光计是精密仪器,对各部件的操作要细心。

②切勿碰到、用手抓摸或用不干净的布和镜头纸去擦拭望远镜、平行光管、三棱镜的光学表面。

③转动望远镜时手应扳在望远镜支架上,不可直接扳在望远镜上。

④几个紧固螺丝必须锁紧。

⑤在重复测量过程中,三棱镜位置不要改变。

六、思考题

①如何判断观察到的光学现象为最清晰的现象?

②在测量的数据中如何判断应不应该加上 360°?

③当三棱镜位置放置不好时,观察两个反射面反射过来的狭缝的像,一面能看到而另一面无法看到,试分析无法看到的原因。

实验十四　迈克尔逊干涉仪实验

迈克尔逊干涉仪是根据光的干涉原理制成的一种光学精密仪器,它在近代物理和计量技术中有着广泛的应用。该仪器主要适用于高等院校物理实验中观察光的干涉现象,例如,用它测量光波的波长、微小长度、光源的相干长度,若用相干性较好的光源,还可对较大的长度做精密测量,并可用它来研究温度、压力对光传播的影响等。

一、实验目的

①了解迈克尔逊干涉仪的特点,学会调整和使用该仪器。
②学习用迈克尔逊干涉仪测量单色光波长及薄玻璃片厚度的方法。

二、实验仪器

迈克尔逊干涉仪、钠灯光源、白炽灯光源、激光源。

三、实验原理

(1)仪器原理

如图 3.14.1 所示,从光源 S 发出的一束光,射向分光板 G_1,因 G_1 后面镀有半反射膜,光束在半反射膜上反射和透射,被分成光强近似相等并互相垂直的两束光。这两束光分别射向相互垂直的两平面镜,即参考镜 M_2 和移动镜 M_1。光束经 M_1 和 M_2 反射后,又汇于分光板 G_1,最后光线到达 E 处。这两束相干光在空间相遇并产生干涉,在 E 处,通过望远镜或人眼就可以观察到干涉条纹。

图 3.14.1 中 M_2' 是参考镜 M_2 为半反射镜 G_1 表面所成的虚像。所以在光学上,这里的干涉就相当于 M_2' 和 M_1' 之间的空气板的干涉。

图 3.14.1 中 G_2 即补偿板的作用,实质上是使干涉仪对不同波长的光同时满足等光程的要求,为了确保它的厚度和折射率与分光板 G_1 的完全相等,在制作时是将同一块平行平面板分为两块,一块做分光板,一块做补偿板。

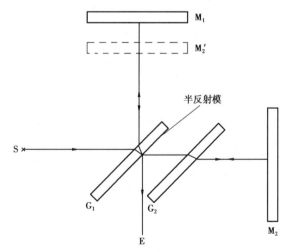

图 3.14.1　迈克尔逊干涉仪原理图

(2)仪器结构

如图 3.14.2 所示,导轨 6 固定在底座 19 上,由 3 个调平螺丝 21 支撑,调平后可以拧紧锁紧圈 20 以保持座架稳定。丝杆 8 螺距为 1 mm。转动粗动手轮 17 经一对传动比大约为 2:1 的齿轮副带动丝杆旋转并拖动与丝杆啮合的可调螺母 2,通过防转挡块 1 及顶块带动滑板 11 和移动镜 10 在导轨面上滑动,实现粗动,移动距离的毫米数可在机体侧面的毫米刻尺 3 上读得;通过读数窗口,在刻度盘 14 上读到 0.01 mm;转动微动手轮 18,可实现微动,微动手轮的最小读数值为 0.000 01 mm。移动镜 10 和参考镜 5 的倾角可分别用镜后面的两个调节螺钉 9 和调节螺钉 4 来调节。在参考镜附近有两个微调螺丝 16,垂直的螺丝使镜面干涉图像上下微动,水平螺丝则使干涉图像水平移动,丝杆顶进力可通过滚花螺帽 7 来调整。

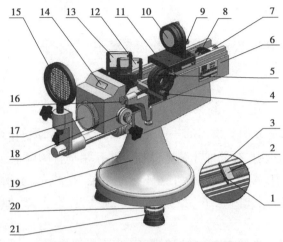

图 3.14.2　迈克尔逊干涉仪结构图

1—防转挡块;2—可调螺母;3—毫米刻尺;4—调节螺钉 1;5—参考镜 M_2;6—导轨;

7—滚花螺帽;8—丝杆;9—调节螺钉 2;10—移动镜 M_1;11—滑板;12—补偿镜;

13—分光镜;14—刻度盘;15—投影屏;16—微调螺丝;17—粗动手轮;18—微动手轮;

19—底座;20—锁紧圈;21—调平螺丝

需要注意的是,各光学表面要保持清洁,切忌用手触摸,镜面一经沾污,仪器将受损无法使用。精密丝杆及导轨的精度也是很高的,如受损同样会使仪器精度下降,甚至使仪器不能使用。因此操作时动作要轻要慢,严禁粗鲁、急躁。导轨、丝杆面应定期上油加以保护。

在读数与测量时要注意以下两点:

①转动微动手轮时,粗动手轮随着转动,但转动粗动手轮时,微动手轮并不随着转动。因此在读数前应先调整零点,方法如下:将微动手轮沿某一方向(例如顺时针方向)旋转至零,然后以同方向转动粗动手轮使之对齐某一刻度。这以后,在测量时只能仍以同方向转动微动手轮使移动镜 M_1 移动,这样才能使粗动手轮与微动手轮二者读数相互配合。

②为了使测量结果正确,必须避免引入空程,也就是说,在调整好零点以后,应将微动手轮按原方向转几圈,直到干涉条纹开始移动以后,才可开始读数测量。

(3)实验原理

1)等倾干涉花样的调整与单色光波长的测量

①产生干涉的等效光路:如图 3.14.3 所示(图中未画补偿板),观察者自 E 点向 M_1 镜看去,除直接看到 M_1 镜外,还可以看到 M_2 镜经 G_1 的膜面反射的像 M_2'。这样,在观察者看来,两相干光束好像是同一束光分别经 M_1 和 M_2' 反射而来的。因此从光学上讲,迈克尔逊干涉仪所产生的干涉花样与 M_1、M_2' 间的空气层所产生的干涉是一样的,在讨论干涉条纹的形成时,只要考虑 M_1、M_2' 两个面和它们之间的空气层。

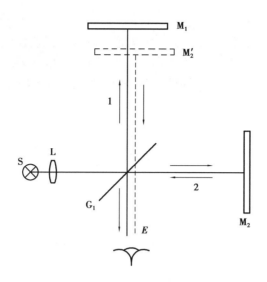

图3.14.3　迈克尔逊干涉仪的等效光路

②等倾干涉花样的形成与单色光波长的测量：当 M_2 镜垂直于 M_1 镜时，M_2' 与 M_1 相互平行，相距为 d。若光束以同一倾角 θ 入射在 M_2' 和 M_1 上，反射后形成 1 和 2′ 两束相互平行的相干光，如图 3.14.4 所示。过 P 作 PO 垂直于光线 2′，因 M_1 和 M_2' 之间为空气层，$n \approx 1$，则两光束的光程差 δ 为

$$\delta = MN + NP - MO = \frac{d}{\cos\theta} + \frac{d}{\cos\theta} - PM\sin\theta$$

$$= \frac{2d}{\cos\theta} - 2d\tan\theta\sin\theta \qquad (3.14.1)$$

所以有

$$\delta = 2d\cos\theta \qquad (3.14.2)$$

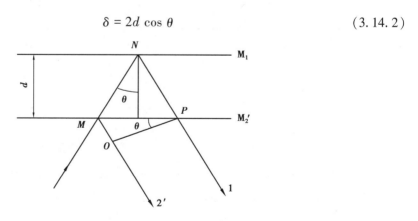

图3.14.4　两相干光的光程差的计算参考图

d 固定时，由式(3.14.2)可以看出，在倾角 θ 相等的方向上两相干光束的光程差 δ 均相等。具有相等的 θ 的各方向光束形成一圆锥面，因此在无穷远处形成的等倾干涉条纹呈圆环形，这时眼睛对无穷远调焦就可以看到一系列的同心圆。θ 越小，干涉圆环的直径越小，它的级次 k 越高。在圆心处 $\theta = 0$，$\cos\theta$ 的值最大，这时：

$$\delta = 2d = k\lambda \qquad (3.14.3)$$

所以圆心处的级次最高。

当移动 M_1 镜使 d 增加时,圆心的干涉级次越来越高,我们就看到圆环一个一个从中心"冒"出来,反之,当 d 减小时,圆环一个个向中心"缩"进去,由式(3.14.3)可知,每当增加或减少 $\lambda/2$,就会冒出或缩进一个圆环,因此,若已知移动的距离 Δd 和冒出(或缩进)的圆环数 Δk,就可以求出波长

$$\lambda = \frac{2\Delta d}{\Delta k} \tag{3.14.4}$$

反之,若已知 λ 和冒出(或缩进)的圆环数,就可以求出 M_1 镜移动的距离,这就是测量长度的原理。

2)等厚干涉花样与透明玻璃板厚度的测量

如果 M_1、M_2' 间形成一很小的夹角(图3.14.5),则 M_1 与 M_2' 之间有一楔形空气薄层,这时将产生等厚干涉条纹,当光束入射角 θ 足够小时,可由式(3.14.2)求两相干光束的光程差,即有

$$\delta = 2d\cos\theta = 2d\left(1 - 2\sin^2\frac{\theta}{2}\right)$$

$$\approx 2d\left(1 - \frac{\theta^2}{2}\right) = 2d - d\theta^2 \tag{3.14.5}$$

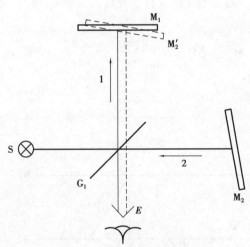

图 3.14.5　M_1、M_2' 形成很小夹角

在 M_1、M_2' 的交线上,$d=0$,即 $\delta=0$,因此在交线处产生一直线条纹,称为中央条纹。在左右两旁靠近交线处,由于 θ 和 d 都很小,这时式(3.14.5)中的 $d\theta^2$ 项与 $2d$ 相比可忽略,因而有

$$\delta = 2d \tag{3.14.6}$$

所以产生的条纹近似为直线条纹,且与中央条纹平行,离中央条纹较远处,因 $d\theta^2$ 项的影响增大,条纹发生显著的弯曲,弯曲方向突向中央条纹。离交线越远,d 越大,条纹弯曲得越明显。

由于干涉条纹的明暗和间距取决于光程差 δ 与波长的关系,若用白光作光源,则每种不同波长的光所产生的干涉条纹明暗会相互交错重叠,结果就看不见明暗相间的条纹了。换句

话说,若用白光作光源,在一般情况下,不出现干涉条纹。进一步分析还可看出,在 M_1、M_2' 两面相交时,交线上 $d=0$,但是由于 1、2 两束光在半反射膜面上的反射情况不同,引起不同的附加光程差,故各种波长的光在交线附近可能有不同的光程差,因此,用白光作光源时,在 M_1、M_2' 两面的交线附近的中央条纹可能是白色明条纹,也可能是暗条纹。在它的两旁还大致对称的有几条彩色的直线条纹,稍远就看不到干涉条纹了。

光通过折射率为 n、厚度为 l 的均匀透明介质时,其光程比通过同厚度的空气要大 $l(n-1)$。在迈克尔逊干涉仪中,当白光的中央条纹出现在视场的中央后,如果在光路 1 中加入一块折射率为 n、厚度为 l 的均匀薄玻璃片,由于光束 1 的往返(图 3.14.4),光束 1 和 2 在相遇时所获得的附加光程差 δ' 为

$$\delta' = 2l(n-1) \tag{3.14.7}$$

此时,若将 M_1 镜向 G_1 板方向移动一段距离 $\Delta d = \delta'/2$,则 1、2 两光束在相遇时的光程差又恢复至原样,这样,白光干涉的中央条纹将重新出现在视场中央。

这时有

$$\Delta d = \frac{\delta'}{2} = l(n-1) \tag{3.14.8}$$

根据式(3.14.8),测出 M_1 镜前移的距离 Δd,如已知薄玻璃片的折射率 n,则可求其厚度 l,反之,如已知玻璃片的厚度 l,则可求其折射率 n。

四、实验内容与步骤

(1) 观察非定域干涉条纹

实验前先将迈克尔逊干涉仪调整至水平。如图 3.14.6 所示,用激光器做点光源,光路中另加扩束镜将光斑扩大,并将扩束的激光斑照在干涉仪分光镜上,使光轴基本与参考镜垂直。

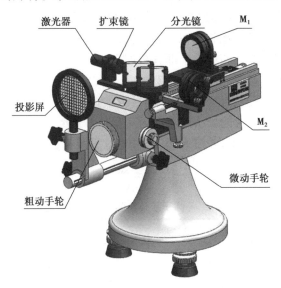

图 3.14.6　非定域干涉仪器图

实验操作步骤如下:

①转动粗动手轮,使移动镜 M_1 处在参考镜 M_2 相对分光镜 G_1 大约相等距离(即 M_1 位于

40 ～ 50 mm）。

②转动微动手轮时，粗动手轮随着转动，但转动粗动手轮时，微动手轮并不随着转动。因此在读数前应先调整零点，方法如下：将微动手轮沿某一方向（顺时针方向）旋转至零，然后以顺时针方向转动粗动手轮使之对齐某一刻度。这以后，在测量时只能仍以同方向转动微动手轮使移动镜 M_1 移动，这样才能使粗动手轮与微动手轮二者读数相互配合。

③用激光器做点光源，激光光斑照在干涉仪分光镜上，使光轴基本与参考镜垂直。

④从投影屏处观察（此时不放扩束镜），可看到由 M_1 和 M_2 各自反射的两排光点像，仔细调整 M_1 和 M_2 后的调节螺钉，使两排光点像严格重合，这样 M_1 和 M_2 就基本垂直，即 M_1 和 M_2' 就互相平行了。此时装上扩束镜，轻轻调节 M_2 后的调节螺钉，即可在屏上观察到非定域干涉条纹，再使出现的圆条纹中心处于投影屏中心。

⑤顺时针转动微动手轮，使 M_1 在导轨上移动，并观察干涉条纹的形状、疏密及中心"吞""吐"条纹随光程差的改变而变化的情况。

（2）测量激光的波长

利用非定域的干涉条纹测定波长。按上述（1）的方法调出干涉圆条纹，顺时针方向缓慢转动微调手轮移动 M_1，将干涉环中心调至最暗（或最亮），记下此时 M_1 的位置 d_1，继续同方向转动微调手轮，当条纹"吞进"或"吐出"变化数为 Δk 时，再记下 M_1 的位置 d_2，设 M_1 位置的变化数为 Δd，则根据双光束干涉原理，测得激光的波长为

$$\lambda = \frac{2\Delta d}{\Delta k} = \frac{2|d_1 - d_2|}{\Delta k} \tag{3.14.9}$$

测量时，Δk 的总数要不少于 500 条，可每累计 50 条时读取一次数据，连续取 10 个数据，应用逐差法加以处理。

注意事项：

①为了使测量结果正确，必须避免引入空程，也就是说，应将微动手轮按原方向（顺时针方向）转几圈，直到干涉条纹开始移动以后，才可开始读数测量。

②移动镜 M_1 的位置读数方法（3 个部分相加）：

a. 整毫米数可在机体侧面的毫米刻尺上读得。

b. 通过读数窗口，在刻度盘读到 0.01 mm。

c. 转动微动手轮微动手轮的最小读数值为 0.000 01 mm。

数据记录填入表 3.14.1 中，并按式（3.14.10）计算波长：

$$\lambda = \frac{2\,\overline{\Delta d}}{\Delta k} \tag{3.14.10}$$

表 3.14.1 等倾干涉条纹测定波长数据记录表

测量次数 i	1	2	3	4	5	平均值
M_1 镜位置 d_i/mm						
测量次数 i	6	7	8	9	10	
M_1 镜位置 d_i/mm						
Δd_i						

其中有

$$\Delta d_1 = \frac{d_6 - d_1}{5} \tag{3.14.11}$$

$$\Delta d_2 = \frac{d_7 - d_2}{5} \tag{3.14.12}$$

$$\Delta d_3 = \frac{d_8 - d_3}{5} \tag{3.14.13}$$

$$\Delta d_4 = \frac{d_9 - d_4}{5} \tag{3.14.14}$$

$$\Delta d_5 = \frac{d_{10} - d_5}{5} \tag{3.14.15}$$

$$\overline{\Delta d} = \frac{1}{5}(\Delta d_1 + \Delta d_2 + \Delta d_3 + \Delta d_4 + \Delta d_5) \tag{3.14.16}$$

(3)观察定域干涉条纹

①观察等倾干涉条纹:转动粗动手轮,使移动镜 M_1 处在参考镜 M_2 相对分光镜 G_1 大约相等距离(即 M_2' 和 M_1 大致重合)。把单色钠光源 S 放在垂直于参考镜 M_2(图3.14.7)的位置,仔细调整 M_2 后的调节螺钉。使眼睛上下左右移动时,各圆的大小不变,仅是圆心随眼睛移动,这时人们看到的就是严格的等倾条纹。移动 M_1 观察条纹的变化情况。

②观察等厚干涉条纹:在条纹实验步骤①基础上,调节 M_2 后的螺钉使 M_1 和 M_2' 有一个很小的夹角,则在图3.14.8所示的 E 处就会看到直线干涉条纹,这就是等厚干涉条纹。仔细调节 M_2 后的微调螺钉,即改变夹角的大小,观察条纹的疏密变化。

③观察白光干涉条纹:按观察定域干涉条纹①观察等倾干涉条纹的调节方法将仪器调整好,并调出干涉圆条纹,转动粗动手轮,使圆条纹变宽,当出现 1～2 条条纹时,用微动手轮再仔细地调到条纹消失,即零光程位置,此时,将光源换成平行的白光光源(图3.14.8),眼睛在 E 处可观察到中央为直线黑纹,两旁有对称分布的彩色条纹的白光干涉条纹。

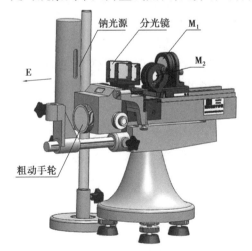

图 3.14.7　观察等倾干涉条纹仪器图

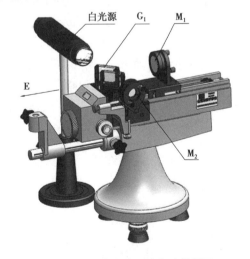

图 3.14.8　观察白光干涉条纹仪器图

用本方法可以测量固体透明薄片折射率 n 或厚度 l。当调出中央条纹后,在 M_1 和 G_1 之间放入一透明薄片,中央条纹移出视场,将 M_1 向 G_1 前移,会重新观察到中央条纹,测出放入薄片前后均可观察到彩色条纹的位置差 ΔL,由式:

$$\Delta L = 2l(n - 1) \tag{3.14.17}$$

可求出 l 或 n,一般 $l<0.5$ mm 为宜。

(4)测量钠光的相干长度

可利用等厚条纹的观察方式,用等厚干涉条纹来测出钠光的相干长度。首先把干涉仪两臂调到接近相等,此时干涉条纹的对比度最佳,然后移动 M_1,直至干涉条纹由模糊变为几乎消失,这时的光程差即为相干长度。钠光灯的相干长度为 2 cm 左右。

(5)测钠黄光波长及钠黄光双线的波长差

①按观察定域干涉条纹①观察等倾干涉条纹的调节方法将仪器调整好,并调出干涉圆条纹,再按测量激光波长的方法进行测量,并计算出钠黄光的平均波长 λ,并与钠黄光波长的标准值 $\lambda=589.3$ nm 进行比较。

②同上调整仪器。如果使用绝对单色光源,当干涉光的光程差连续改变时,条纹的可见度一直是不变的。当使用的光源包含两种波长 λ_1 及 λ_2,且 λ_1 及 λ_2 相差很小,我们所看到的圆形干涉条纹实际上是两种波长分别形成的两套圆环叠加在一起的。由式(3.14.3)可知,当 M_1、M_2' 的间距 d 为一定值时,λ_1 及 λ_2 的干涉环的级次 k_1 和 k_2 是不同的,即

$$\delta = 2d = k_1\lambda_1 \tag{3.14.18}$$

$$\delta = 2d = k_2\lambda_2 \tag{3.14.19}$$

a. 当光程差为:$\delta = 2d = k_1\lambda_1 = (k_1+1)\lambda_2$(其中 k_1 为正整数)时,波长为 λ_1 和 λ_2 的光在同一点所形成的干涉条纹虽然级次各不相同,但都形成明条纹,故叠加结果使得视场中条纹对比度(所谓条纹对比度是指明条纹处的光强与暗条纹处的光强之比)增加。这时,实验者能看到明显的明暗相间的干涉条纹。

b. 当光程差:$\delta = k_1\lambda_1 = \left(k_1+\dfrac{1}{2}\right)\lambda_2$(其中 k_1 为正整数)时,两种波长的光在同一点形成的干涉条纹一个是明条纹另一个是暗条纹,叠加的结果使条纹对比度减小,视场中将看不出明显的干涉条纹,若 λ_1 及 λ_2 的光的亮度又相同,视场中将看不到干涉条纹。

改变光程差时,将循环出现这种对比度的变化。

继续逐渐移动 M_1 以增加(或减少)光程差,条纹对比度又逐渐提高,直到 λ_1 的亮条纹与 λ_2 的亮条纹重合,暗条纹和暗条纹重合,此时可看到清晰的干涉条纹,再继续移动 M_1,条纹对比度又下降,在光程差:$\delta+\Delta\delta = (k_1+\Delta k_1)\lambda_1 = (k_1+\Delta k_1+3/2)\lambda_2$ 时,条纹对比度最小(或为零)。因此,可测出从某一对比度最小的位置到下一个对比度最小的位置,其光程差变化 $\Delta\delta$ 应为

$$\Delta\delta = \frac{\lambda_1\lambda_2}{\lambda_1 - \lambda_2} = \frac{\lambda^2}{\Delta\lambda} \tag{3.14.20}$$

即

$$\Delta\lambda = \frac{\lambda^2}{\Delta\delta} \tag{3.14.21}$$

式中,$\Delta\delta$ 即为相邻两次对比度最小时 M_1 的位置差,可以在仪器上直接读出,λ 为 λ_1 及 λ_2 的平均值,可由测钠黄光波长及钠黄光双线的波长差中的①测量计算出。因此 λ_1 及 λ_2 的波长

差 $\Delta\lambda$ 即钠光源双黄线的波长差就可由式(3.14.21)计算出来。

五、注意事项

①仪器应妥善地放在干燥、清洁的房间内,防止振动,仪器搬动时,应托住底座,以防导轨变形。

②反光镜、分光镜一般不允许擦拭,必须要擦拭时,须先用备件毛刷小心掸去灰尘,再用脱脂清洁棉花球滴上酒精和乙醚混合液轻拭。

③传动部件应有良好的润滑。特别是导轨、丝杆、螺母与轴孔部分,应用精密仪表油润滑。

④使用时,各调整部位用力要适当,不要强旋、硬扳。

⑤导轨面丝杆应防止划伤、锈蚀,用毕后,仍保持不失油状态。

六、思考题

①在迈克尔逊干涉仪中是用什么方法产生两束相干光的?

②什么是空程? 测量时应如何操作才能避免引入空程?

③怎样调节等倾干涉条纹? 怎样调节等厚干涉条纹?

④是否所有圆形条纹组都是等倾条纹? 你能举出哪些圆形干涉条纹不是等倾条纹吗?

实验十五　磁悬浮实验

磁悬浮技术是集电磁学、电子技术、控制工程、信号处理、动力学等为一体的典型的机电一体化技术。随着电子技术、控制工程、信号处理、电磁理论及新型电磁材料的发展,磁悬浮技术得到了长足的发展,已经在很多领域得到广泛的应用,如磁悬浮列车、主动控制磁悬浮轴承、磁悬浮天平、磁悬浮传输设备、磁悬浮测量仪、磁悬浮机器人手腕等,其中尤以磁悬浮列车最具代表性。列车运行过程中主要包含悬浮和驱动两部分,该实验主要介绍其中的悬浮及其控制。

现有物理教学中少有关于磁力的计算教学,本实验除去介绍常见的磁路法,更给学生介绍一种通用、准确的使用有限元法进行磁力分析的数值求解思路。

实验实现大范围可调整的稳定悬浮,可避免测试中外力的介入,方便准确测试系统平衡特性;*PID* 控制参数开放独立可调,提供给使用者一个快速响应的工程实物平台,有利于学生学习了解自动化控制中最常见的 *PID* 控制。

一、实验目的

①掌握使用磁路的方法,做简单系统的磁力计算。

②了解电磁场的有限元方法,以及 Ansoft Maxwell 下的磁力仿真。

③了解电涡流位移传感器的测量原理,测量传感器输出特性。

④在悬浮状态下,测试钢球平衡特性,研究磁力、电流、间隙的关系。

⑤学习磁悬浮的 *PID* 控制原理,通过独立改变 *P*、*I*、*D* 参数,了解各参数对悬浮控制的影响。

二、实验仪器

ZKY-AEB0100 电激励磁悬浮实验仪如图 3.15.1 所示。

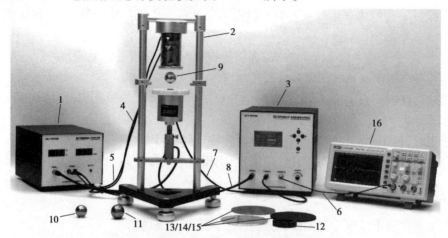

图 3.15.1 ZKY-AEB0100 电激励磁悬浮实验仪

1—可控电流源;2—电激励磁悬浮实验装置;3—电激励磁悬浮控制仪;

4,5—单芯连接线;6—同轴线;7,8—多芯连接线;9—30 mm 空心球;

10—30 mm 实心球;11—35 mm 实心球;12—钢环(Q235);13—铝盘(2A12);

14—不锈钢盘(304);15—钢盘(Q235);16—示波器

三、实验原理

(1) 电磁力的计算

电磁场的边值问题实际上是求解给定边界条件下的麦克斯韦方程组(或延伸的偏微分方程),从技术手段上来说可分为解析求解和数值求解两类。对简单模型,有时可以得到方程的解析解。若模型复杂程度增加,则往往很难获得解析解,这时可以配合计算机进行数值求解。

1) 磁路与磁力计算

磁路是磁场、磁力等计算中一种常见的解析的近似求解方法。类比于电路,其最基本的近似条件是:磁力线主要集中于高导磁介质以及高导磁介质之间的薄层内。

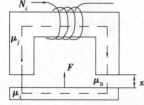

图 3.15.2 铁芯之间形成的磁力回路

考虑如图 3.15.2 的简单的模型,同时假设铁磁材料为线性材料、各段磁场均匀、忽略漏磁等。设 x_j、B_j、Φ_j、A_j、μ_j 为第 j 段磁路的磁路长度、磁感应强度、磁通量、磁通面积、磁导率。那么各段体积为 $V_j = A_j x_j$;各段磁阻为 $R_j = \dfrac{x_j}{\mu_j A_j}$;另外假设各段材料各向同性,磁场强度 $H_j = \dfrac{B_j}{\mu_j}$;N_i 代表外加的激励电流的安匝数(匝数乘以电流),x 为空气层气隙,$\mu_j \gg \mu_0 (j \neq 0)$。

则可建立如下方程组

$$\xi = N_i = \sum_j \varphi_j R_j \qquad \qquad \varphi_j = B_j A_j \equiv \varphi$$

$$W_m = \frac{1}{2} \sum_j B_j H_j V_j \qquad F(i,x) = -\frac{\partial W_m(x,i)}{\partial x}$$

其中第一个式子是磁路的基尔霍夫定理,它是安培环路定理在磁路下的近似。第二个式子代表磁路串联,无漏磁,各段磁通一致,都为 φ。由这二者可得各段磁感应强度。第三个式子 W_m 代表磁场储能。第四个式子代表静磁场磁力 F 为保守力,磁力为磁场储能的偏导。因此可得磁力为

$$F(i,x) = K\left(\frac{i}{x}\right)^2 \tag{3.15.1}$$

其中 K 为常系数。可见磁力 F 与气隙层间距 x 满足平方反比,与励磁电流 i 满足平方正比。若此系统也是磁悬浮平衡系统,磁力恒为浮球重力,为常数,则线圈电流 i 应该和间距 x 满足线性关系。

但明显的是实验系统悬浮物为球形,无明显的、简单的磁回路;且实验中悬浮球距铁芯可以很远,磁路法的近似条件是明显不成立的。因此接下来介绍基于有限元分析的数值求解方法。

2）Ansoft Maxwell 有限元分析

实践中应用的电磁场,其场域的边界大多比较复杂,解析法难以应用,虽然有一些电磁场问题经过适当简化后能解析求解,但解的精度往往难以达到实践应用的要求,这就对数值求解提出了需求,随着计算机的发展,电磁场数值分析已深入到各个领域,解决的问题越来越广、越来越复杂。

有限元法是利用变分原理把满足一定边值条件的电磁场问题等价为泛函求极值问题,以导出有限元方程组。其具体步骤是将整个求解区域分割为许多很小的子区域,将求解的边界问题的原理应用于每个子区域,通过选取恰当的尝试函数,使得对每一个单元的计算变得简单,经过对每个单元进行重复而简单的计算,得到各个单元的近似解,再将其结果总和起来便可以得到整个区域的解。由于计算机非常适合重复性计算及数据处理,因此很容易使用计算机来实现。

Ansoft 公司的 Maxwell 即是针对电磁场分析而优化的有限元技术,包含电场、静磁场、涡流场、瞬态场、温度场以及应力场等分析模块,可用于分析电机、传感器、变压器、永磁设备、激励器等电磁装置的各种特性。

该实验对应的是 Maxwell 3D 静磁场模块,它可以准确地仿真直流电压源、直流电流源、永磁体以及外加磁场激励引起的磁场。Maxwell 3D 静磁场模块直接求解的是场量本身（磁场分布）,再由软件后处理得到其他物理量（如力、转矩、电感及各种线性、非线性材料中的饱和问题）。

如前所述,电磁场的问题实际上求解的是给定边界条件下的麦克斯韦方程组,微分形式为

$$\nabla \times E = -\frac{\partial B}{\partial t} \qquad \nabla \cdot D = \rho$$

$$\nabla \times H = J + \frac{\partial D}{\partial t} \qquad \nabla \cdot B = 0$$

该实验对应 Maxwell 3D 静磁场求解,此时不存在电场,同时麦克斯韦方程组可略去时间相关项,只需要考虑安培环路和高斯磁通定理

$$\nabla \times H = J$$

$$\nabla \cdot B = 0$$

具体软件操作中,先建立实物的 3D 模型,赋予各材料自身电磁特性(如磁化曲线),附加激励条件(如驱动电流)、边界条件并建立合适的剖分网络以及设定求解精度等,再根据方程,即可通过 Maxwell 3D 静磁场模块得到磁场分布解。根据磁场分布可以得到磁场储能(非线性系统)

$$W_m = \iint\limits_{V\,B} H \cdot \mathrm{d}B\mathrm{d}V$$

最后采用虚位移原理即可求出磁力

$$F_{x_j} = -\frac{\partial W_m(x_j, i)}{\partial x_j}$$

从上面的描述中可以看出,有限元数值求解,在思路上和磁路法求解很相似:都是先求解出磁场分布,再由磁场分布得到磁力。但是有限元仿真求解更细,未引入磁路近似,考虑了材料的非线性等,且直接从麦克斯韦方程入手,结果更为准确可靠。

图 3.15.3(a)是使用 Anosoft Maxwell 针对实物建立的该实验仪器的仿真 3D 模型,其中励磁铁芯为纯铁,励磁绕组为耐热漆包铜线绕制,导磁钢球为 Q235 材料。图 3.15.3(b)是某间距下,当球受到的磁力等于球的重力时,某个中心切面内的磁场分布。

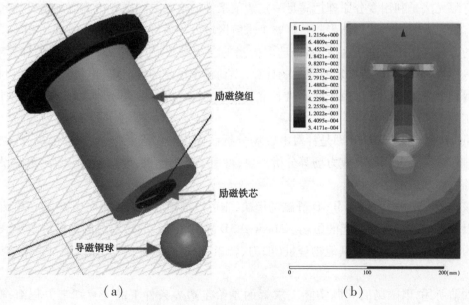

（a）　　　　　　　　　　　　　（b）

图 3.15.3　仪器的有限元 3D 仿真

图 3.15.4 和表 3.15.1 是对该实验系统不同的钢球在距离电磁铁不同的位置,由 Maxwell 3D 静磁场模块的有限元数值分析,得到的平衡特性。

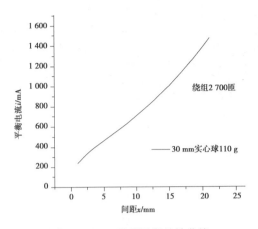

图 3.15.4　悬浮平衡特性曲线

表 3.15.1　30 mm 实心球平衡电流与间距关系

间距 x/mm	平衡电流 i/mA	间距 x/mm	平衡电流 i/mA
1	239.3	16	1 078.1
2	307.8	17	1 151.1
3	362.6	18	1 227.0
4	414.1	19	1 305.6
5	462.2	20	1 389.6
6	509.6	21	1 475.9
7	557.8	22	
8	607.0	23	
9	657.6	24	
10	709.8	25	
11	765.2	26	
12	822.4	27	
13	882.2	28	
14	944.8	29	
15	1 010.0	30	

可见,平衡时励磁电流 i 随间距 x 呈非线性单调递增趋势,且曲线在高端呈现上翘趋势。

(2)电涡流位移传感器

电涡流位移传感器是非接触传感器的一种,具有测量范围大、响应快、灵敏度高、抗干扰能力强、不受油污等影响的优点,广泛应用于工业生产和科学研究中。磁悬浮列车的悬浮和导向,就广泛采用这种传感器,本实验也采用电涡流传感器作为位置传感器。其结构和等效电路模型如图 3.15.5 所示。

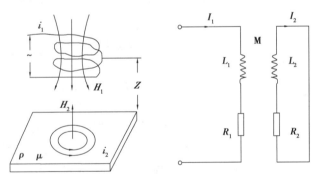

图 3.15.5　电涡流位移传感器原理图

激励的探头线圈中存在高频电流 i_1,使金属导体处于高速变化着的磁场中,导体内就会产生感应电流,这种电流像水中漩涡那样处于导体内部,称为电涡流。电涡流也将产生交变磁场,由于该磁场的反作用,将影响原磁场,从而导致线圈的电感、阻抗和品质因数发生变化。

根据电磁场理论,涡流的大小与导体的电阻率 ρ、磁导率 μ、导体厚度 d、线圈与导体之间的距离 x,线圈的激磁频率 ω 以及激励线圈的参数都有关。如果控制其余参数不变,只改变线圈与导体之间的距离 x,就可以构成测量位置的传感器。

图 3.15.6(a)为其输出特性曲线(图示电涡流传感器包含线性修正),图 3.15.6(b)为某涡流传感器的结构。

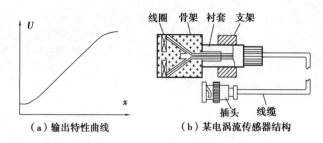

（a）输出特性曲线　　　　（b）某电涡流传感器结构

图 3.15.6　电涡流传感器典型输出特性及结构

（3）磁悬浮 *PID* 控制的动力学模型

该系统中，磁力 $F = mg$ 并不是系统的稳态，若要使钢球稳定悬浮，需增加外部控制。这里使用的是闭环 *PID* 的方式控制线圈的电流 i，位置反馈信号是电涡流传感器提供的电压信号 U_{sensor}，如图 3.15.7 所示。

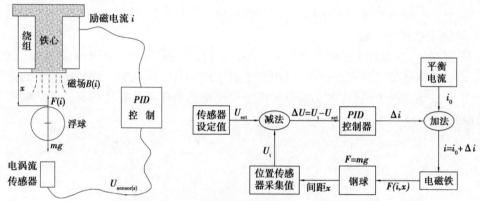

图 3.15.7　实验模型及 *PID* 控制回路

1）磁悬浮 *PID* 控制的动力学过程

为方便理解，这里通过该模型的动力学分析来了解 *PID* 的控制原理。如图 3.15.7 所示，该实验中输出量电流的变化 Δi，是由输入量传感器电压 U_{sensor} 的变化决定的，假设忽略电涡流传感器的非线性，即假设 $U_{sesor} \propto x$，则 *PID* 控制输出量电流 Δi 可写为位置偏差 $\Delta x (\Delta x = x - x_{set})$ 的关系

$$i = i^0 + \Delta i = i_0 + k_p \Delta x + k_d \dot{\Delta x} + k_i \int \Delta x \mathrm{d}t \qquad (3.15.2)$$

式中　k_p——比例系数，对实时偏差 Δx 起作用；

　　　k_d——微分系数，对位置的微分或者变化趋势起作用；

　　　k_i——积分系数，对积分历史起作用；

　　　i_0——系统设置的初始平衡电流。

该系统的动力学方程为

$$m\ddot{\Delta} x = mg - F(i,x) \qquad (3.15.3)$$

磁力 $F(i,x)$ 是非线性的［最简单如公式（3.15.1）］，因此该系统是复杂的高阶非线性系统。为处理方便，在 (x_{set},i_0) 处做线性化近似

$$F_i = F_0 + \mathrm{d}F = F_0 + \frac{\partial F}{\partial i}\bigg|_{i_0,x_{set}} \Delta i + \frac{\partial F}{\partial x}\bigg|_{i_0,x_{set}} \Delta x \qquad (3.15.4)$$

将式(3.15.2)、式(3.15.4)代入式(3.15.3)可得

$$m\Delta \ddot{x} + K_p\Delta x + K_d\Delta \dot{x} + K_i\int \Delta x \mathrm{d}t + (F_0 - mg) = 0$$

$$K_p = k_p\frac{\partial F}{\partial i}\Big|_{i_0,x_{set}} - \frac{\partial F}{\partial x}\Big|_{i_0,x_{set}} \qquad K_d = k_d\frac{\partial F}{\partial i}\Big|_{i_0,x_{set}} \qquad K_i = k_i\frac{\partial F}{\partial i}\Big|_{i_0,x_{set}} \qquad (3.15.5)$$

常数 K_p 仅与 k_p 相关、K_d 仅与 k_d 相关、K_i 仅与 k_i 相关,再对式(3.15.5)求导可得三阶常系数齐次方程

$$\dddot{\Delta x} + \frac{K_d}{m}\ddot{\Delta x} + \frac{K_p}{m}\dot{\Delta x} + \frac{K_i}{m}\Delta x = 0 \qquad (3.15.6)$$

其解的形式由特征方程 $\lambda^3 + \frac{K_d}{m}\lambda^2 + \frac{K_p}{m}\lambda + \frac{K_i}{m} = 0$ 的根 $\lambda_j = \alpha_j + i\beta_j(j=1,2,3)$ 决定。最简单的假设无重根,则通解可写为 $\Delta x = \sum_j C_j e^{(\alpha_j + i\beta_j)t}$。当某项实部 $\alpha_j < 0$ 时,则该项贡献有衰减收敛;当虚部 $\beta_j \neq 0$ 时,则该项贡献有振荡。因此不同特征根 λ_j(或 P、I、D)的组合将引起控制的不同收敛、振荡甚至失控情况。但是由于 $\lambda_{1,2,3}$ 中都是包含有 K_p、K_d、K_i 的,故 P、I、D 三种作用是互相渗透、甚至彼此矛盾的,PID 的参数调节经常会出现顾此失彼的情况。同样的原因,独立分析 P、I、D 是不合理的,但为避免式(3.15.6)解的复杂性,独立分析可简单地得到 P、I、D 参数的大致作用。因此接下来将 PD 和 I 分开讨论。

①PD 比例微分控制。

对式(3.15.5),删除积分项

$$m\Delta \ddot{x} + K_p\Delta x + K_d\Delta \dot{x} + (F_0 - mg) = 0 \qquad (3.15.7)$$

这是一个带阻尼的振荡系统的动力学方程(如粗糙平面上的弹簧振子)。其解根据 K_p、K_d 的大小分为欠阻尼、临界阻尼和过阻尼三种情况,且这些解都是收敛的,因此该系统可以只通过 PD 控制实现悬浮(在误差限范围内),其中:

a. K_p 可看为劲度系数,提供"回复力"。但只有 K_p 时,其解为振荡解,或者说由于磁悬浮是零阻尼的系统,需要外加的阻尼。

b. K_d 可看为阻尼系数,使系统衰减、收敛。但 K_d 作用对象是微分,因此太大的微分系数,对信号中的高频干扰、噪声将起到放大作用,不利于悬浮控制。

c. 设足够长时间后到达稳态,则 $\Delta \ddot{x} = \Delta \dot{x} = 0$,此时式(3.15.7)将变为 $\Delta x = \frac{(mg - F_0)}{K_p}$,代表视初始设置 F_0 的不同,系统可能会存在静态误差,且误差随比例系数的增大而减小。

②积分 I 与静态误差。

在 PD 基础上增加积分控制 I,仍然假设足够长时间后系统能够到达稳态,则各阶导数 $\dddot{\Delta x} = \ddot{\Delta x} = \dot{\Delta x} = 0$,式(3.15.6)将变为 $\Delta x = 0$,即 0 偏差,因此说积分可消除系统静态误差。

另外若只考虑积分控制,此时式(3.15.6)将变为

$$\dddot{\Delta x} + \frac{K_i}{m}\Delta x = 0$$

其通解的形式为

$$\Delta x = C_1 e^{\sqrt[3]{\frac{K_i}{m}}t} + C_2 e^{\frac{1}{2}\sqrt[3]{\frac{K_i}{m}}t}\cos\left(\sqrt[3]{\frac{K_i}{m}}t - \alpha\right)$$

其中第一项为收敛项;但第二项振荡且非收敛的,因此该实验系统积分不能单独使用,需要其他控制来(P、D)抑制,也因此实际使用中积分系数也不能太大,否则会引起超调(较小的积分参数也是该系统将积分 I 和 PD 分开讨论的前提)。

2)控制的要求及整定

对不同控制系统,一般研究的是某种典型信号下被控制量的变化过程,一个好的控制过程需要满足变化的稳定、快速、准确。该实验中的典型信号为阶跃信号,该信号主要是通过改变设定悬浮位置(图 3.15.7 中 U_{set})来实现的,设定位置改变后,PID 控制将使球调整到新的位置。实验中,可通过观察系统对该阶跃激励下传感器的响应曲线,来判断 PID 控制的好坏,以此研究 PID 各参数的影响。

图 3.15.8 所示为单位阶跃激励下,某控制系统的响应曲线,可由图中所示指标来描述系统的动态过程。其中 $h(\infty)$ 代表控制下的终值。通常用上升时间 t_r 或峰值时间 t_p 来评价系统的响应速度;超调量 $\sigma\%$ 评价系统的阻尼程度;而调节时间 t_s 是同时反映响应速度和阻尼程度的综合指标。该实验中并不需要对这些指标进行定量的测量与分析,但需要对控制的调节时间以及超调做简单的定性分析。另外用户使用时,可根据自身需求自行设计 PID 整定实验。

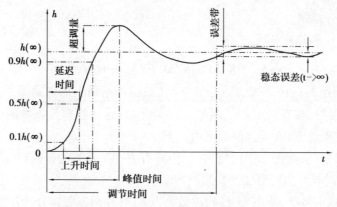

图 3.15.8 PID 控制系统的典型阶跃响应

最后需要补充的是:由于实验中所用电涡流传感器以及钢球受力(平衡特性)都是非线性的,因此 PID 参数的整定也是与悬浮位置密切相关的;另外上述讨论中,质量 m 贯穿整个过程,因此不同的悬浮钢球,最佳的 PID 参数也是不一致的。

四、实验内容与步骤

(1)实验前准备、操作说明及注意事项

1)水平调节

将"水准泡"放置在铁芯上方平坦处,调节 A 型底座的调平脚垫,使水平泡居中,以保证磁力与重力方向基本一致,后续整个实验皆保证该状态不变(调节完后取下水准泡,放置于对应的样件盒内)。

2）连接线材

①用两根电源线将可控电流源、电激励磁悬浮控制仪连接到用电网络；

②用单芯连接线将可控电流源"电流输出"连接到实验装置上的"电流输入"接口；

③用 5 芯连接线将可控电流源"控制输入"连接到电激励磁悬浮控制仪"控制输出"；

④用 4 芯连接线将电激励磁悬浮控制仪"传感器接口"连接到实验装置"传感器接口"；

⑤用 BNC 同轴线将电激励磁悬浮控制仪"传感器监测"接口连接到示波器 CH1 通道。

3）钢球的放入技巧

由于系统的非线性影响，要达到好的悬浮状态，在不同的距离有不同的 PID 参数，因此为保证容易地将球放入并保证较好悬浮，统一放入操作为：PID 参数为仪器推荐的默认参数（$P=45, I=125, D=240, U_{set}=3.5$ V），且放入高度对应的平衡电流为 750 mA 左右。

①$\Phi=30$ mm/Q235 空心球：750 mA 平衡电流对应标尺位置大概在 21 mm 处。

②$\Phi=30$ mm/Q235 实心球：750 mA 平衡电流对应标尺位置大概在 30 mm 处。

③$\Phi=35$ mm/Q235 实心球：750 mA 平衡电流对应标尺位置大概在 26 mm 处。

④在调试、测试过程中球可能会掉落，建议都按上述要求重新放入；使用熟悉后可不按上述要求操作，可根据经验放入（通过调节 PID 参数，直接在其他位置将球放入悬浮）。

4）悬浮距离的获得

悬浮距离的获得如图 3.15.9 所示。

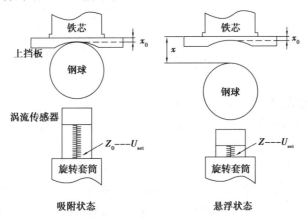

图 3.15.9　悬浮距离的获得

由于电涡流传感器行程小、非线性，该实验为保证 x 有较大的调节范围，传感器采用下安装方式。存在积分时，对不同的标尺刻度，悬浮中传感器到钢球的距离是不变的，此时只使用了传感器单个点附近的反馈，可以认为是线性的。

此时"传感器"输出值为 0 偏差的，与"悬浮调整"对应设定电压 U_{set1} 一致（都为开机默认设置 3.5 V），因此需要先在"传感器特性实验"界面，得到 U_{set1} 对应的标尺刻度 z_0，然后实际悬浮中钢球上端到铁芯下端的距离 x 为

$$x=z_0-z+x_0$$

其中，$x_0=1.5$ mm，为铁芯下方防撞"上挡板"的厚度。

5）说明

后续步骤的参数设置，及记录表中的采样数据仅供参考，请根据实验效果进行微调。

(2) 电涡流位置传感器特性测试

①打开 ZKY-BJ0004 可控电流电流源，"输出开关"处于"关"，负载线圈无供电。

②打开 ZKY-PD0019 点激励磁悬浮控制仪并进入"传感器特性实验"测试界面。

③将"测距圆盘"放在"圆盘托"上。

④旋转升降杆，使电涡流传感器刚好靠近测距圆盘，记录此时标尺刻度(仔细估读 1 位)。

⑤从该位置使传感器远离测距圆盘，在标尺的每个整数刻度 z，记录传感器输出值。

⑥将上述数据填入表 3.15.2，并整理为传感器输出 U_{sensor} 随间距(电涡流位移传感器到圆盘)的关系，并做出相应的输出特性图。

⑦换用其他"测距圆盘"，测得不同材料的圆盘的输出特性。

思考：根据 3 种测距圆盘(铝盘、不锈钢盘、钢盘-Q235)的输出特性，判断材料导电率、磁导率对电涡流传感器输出的影响(灵敏度/斜率/测试范围)。

表 3.15.2　传感器输出随间距变化的关系

标尺刻度/mm	间距/mm	U_{sensor}/V
	0	
……	……	……

(3) 悬浮平衡特性测试

①打开 ZKY-BJ0004 电流源，输出开关处于"开"状态，同时打开 ZKY-PD0019 控制仪并进入"磁悬浮特性实验"界面，查看"悬浮调整"对应的设定电压大小 U_{set1}(3.5 V)；

②退出"磁悬浮特性实验"界面，再次进入"传感器特性实验"界面，将 $\Phi = 30$ mm/Q235 空心球吸附在铁芯下方，旋转升降杆，直到传感器输出值为 U_{set1}，记录此时的标尺刻度 z_0；

③再次进入"磁悬浮特性实验"界面，按(4)中"钢球的放入技巧"，将球放入稳定悬浮；

④缓慢旋转升降杆，使球远离铁芯，调节中若出现振荡等悬浮较差的情况，可适当地逐渐增加 P 参数、D 参数，直到平衡电流为 1 400 mA 左右，记录电流和此时的标尺刻度于表 3.15.3；

⑤缓慢旋转升降台，使球到铁芯间距缓慢减小，每隔 1 或 2 mm 测试记录一组平衡电流和标尺刻度(上升调整过程中球的悬浮情况可能会变差，需适当减小 P、D 参数，对 $\Phi = 30$ mm/Q235 空心球最上端采样点应为 350 mA)。

注：这里改变 PID 参数，是因为磁力的非线性，在不同的距离有不同的最合适的 PID 参数。另外无须每个位置都调节 PID 参数，可分 3 段调节，建议参数如下：最上端 $P = 18$，$D = 180$；中间为默认 P、D 参数；最下端 $P = 100$，$D = 360$。

⑥将标尺刻度转换为球到铁芯的间距(参见(4)中"悬浮距离的获得")，整理数据，得到 30 mm 空心钢球平衡特性。

$U_{sensor} = U_{set1} = \underline{3.5\ V}$，悬浮物类型＿＿＿＿＿＿，标尺刻度 $z_0 = $ ＿＿＿ mm

表 3. 15. 3　平衡电流随间距变化的关系

标尺/mm	间距/mm	平衡电流/mA
……	……	……

注:为保证读数的准确,第②步中的 z_0 请仔细估读 1 位,其他测试点的标尺刻度建议取为整数刻度。

⑦换用其他样品钢球重复上述①~⑥操作,得到一组不同重量钢球的平衡特性的曲线簇($\Phi = 30$ mm/Q235 实心球最上端采样点应为 450 mA, $\Phi = 35$ mm/Q235 实心球最上端采样点应为 500 mA)。

⑧根据测试结果,判断 30 mm 实心球的测试值与图 3. 15. 4 中有限元数值模拟结果的差异;根据曲线簇判断磁力与间隙和电流的变化关系。

(4) *PID* 控制特性实验

使用 $\Phi = 30$ mm/Q235 空心球。打开 ZKY-BJ0004 电流源,“输出开关”处于“开”状态,同时打开 ZKY-PD0019 电激励磁悬浮控制仪并进入“磁悬浮特性实验”界面。另外无特殊说明示波器建议使用直流、1 V、500 ms 挡位。

1)比例 P 参数调节(I、D 在调节中不变)

①按(4)中“钢球的放入技巧”,将球放入稳定悬浮,并仔细调节位置,使球在默认参数下稳定悬浮在 750 mA 左右;

②缓慢减小 P 参数($P_1 = 20$),直到系统出现明显持续振荡(有时刚刚出现振荡的临界点,振荡幅度会越来越大,此时可以稍微将 P 参数增加 1、2 个值,得到持续的稳定的振荡),记住此时的 P 参数 P_1 ,同时保存示波器显示图片 PIC-P_1(或拍照记录);

③重新调节 P 值,使其比 P_1 稍大($P_2 = 24$),且无振荡,将光标移动到“阶跃测试”,通过确认键,给悬浮系统一个典型阶跃干扰,通过示波器观察该干扰的控制响应曲线,这里应出现类似于阻尼衰减的振荡过程,记录此时的 P 参数 P_2 ,并保存示波器显示图片为 PIC-P_2;

④多次重复③,并保证比例系数依次增大(悬浮无明显的振荡或抖动),观察阶跃激励下控制的响应情况(P 值的选择应使响应曲线有较明显差异),记录比例系数 P_3、P_4 ,以及对应的示波器图片 PIC-P_3、PIC-P_4($P_3 = 45$, $P_4 = 75$)。

⑤继续增大 P 参数,直到阶跃激励下系统失控(钢球掉落),记录此时的 P 参数为 P_5 ,同时保存此时示波器图片 PIC-P_5($P_5 = 90$)。

⑥根据表 3. 15. 4 记录的图片和实验原理,分析 P 参数对控制的影响,理解比例系数 P 的作用。

表 3.15.4　比例 P 参数调节记录表(积分和微分系数为默认参数:$I=125$,$D=240$)

比例参数	$P_1 = $ ____(阶跃测试:OFF)	$P_2 = $ ____(阶跃测试:ON)	$P_3 = $ ____(阶跃测试:ON)
示波器传感器电压 U_s 实时追踪图片			
描述			
比例参数	$P_4 = $ ____(阶跃测试:ON)	$P_5 = $ ____(阶跃测试:ON)	
示波器传感器电压 U_s 实时追踪图片			
描述			

2)积分 I 与静态误差,以及 P 参数对静态误差的影响测试

①按(4)中"钢球的放入技巧",将球放入稳定悬浮,并仔细调节位置,使球在默认参数下稳定悬浮在 750 mA 左右。

②将积分 I 调为 0,此时可明显发现钢球的悬浮高度发生变化,且测试界面上"传感器"与"悬浮调整"后的电压将会存在差异,说明无积分控制的系统,将会存在静态误差。

③在稳定悬浮的前提下,依次改变 P 参数为 40、45、50、55,查看界面上"传感器" U_{sensor} 读数的变化,并记录于表 3.15.5,并根据实验数据,分析无积分时比例系数对静态误差的影响。

表 3.15.5　P 参数对静态误差的影响测试(积分 $I=0$;微分系数为默认 $D=240$;设置值为 $U_{set1}=3.5$ V)

比例系数	传感器/V
40	
45	
50	
55	

3)积分 I 参数调节(P,D 在调节中不变)

①按(4)中"钢球的放入技巧",将球放入稳定悬浮,并仔细调节位置,使球在默认参数下稳定悬浮在 750 mA 左右。

②调小 I 值($I_1=20$),将光标移动到"阶跃测试",通过确认键,给悬浮系统一个典型阶跃干扰,通过示波器观察该干扰的控制响应曲线,保存示波器显示图片 PIC-I_1。

③依次增大 I 值($I_2=66$、$I_3=125$、$I_4=400$。I 值的选择应使响应曲线有明显差异),重复步骤②,并保存示波器控制图片 PIC-I_2、PIC-I_3、PIC-I_4。

④阶跃测试关闭,持续增大 I 参数($I_5=710$),直到系统出现明显的持续的振荡,记住此时的 I 参数 I_5,同时保存示波器显示图片 PIC-I_5(或拍照记录)。

⑤根据表 3.15.6 记录的实验图片和实验原理,分析 I 参数大小对控制的影响,理解 I 的作用。

表 3.15.6　积分参数调节记录表(比例和微分系数为默认参数:$P=45,D=240$)

积分参数	$I_1=$ ___(阶跃测试:ON)	$I_2=$ ___(阶跃测试:ON)	$I_3=$ ___(阶跃测试:ON)
示波器传感器电压 U_s 实时追踪图片			
描述			
积分参数	$I_4=$ ___(阶跃测试:ON)	$I_5=$ ___(阶跃测试:OFF)	
示波器传感器电压 U_s 实时追踪图片			
描述			

4)微分 D 参数调节(P、I 在调节中不变)

①按(4)中"钢球的放入技巧",将球放入稳定悬浮,并仔细调节位置,使球在默认参数下稳定悬浮在 750 mA 左右。

②缓慢减小 D 参数($D_1=97$),直到系统出现明显持续振荡,记住此时的 D 参数 D_1,同时保存示波器显示图片 PIC-D_1(或拍照记录)。

③重新调节 D 值,使其比 D_1 稍大($D_2=120$),且无振荡,将光标移动到"阶跃测试",通过确认键,给悬浮系统一个典型阶跃干扰,通过示波器观察该干扰的控制响应曲线,这里应出现类似阻尼衰减的振荡过程,记录此时的 D 参数 D_2,保存示波器显示图片为 PIC-D_2。

④多次重复③,保证微分系数依次增大(悬浮无明显的振荡或抖动),观察阶跃激励下控制的响应情况(D 值的选择应使响应曲线有明显差异),记录微分系数 D_3、D_4,以及对应的示波器图片 PIC-D_3、PIC-D_4($D_3=180,D_4=320$)。

⑤继续增大 D 参数,直到阶跃激励下系统失控(比如钢球掉落或快速大范围振荡),记录此时 D 参数为 D_5,同时保存此时示波器图片 PIC-D_5($D_5=450$)。

⑥根据表 3.15.7 记录的实验图片和实验原理,分析 D 参数大小对控制的影响,理解 D 的作用。

表 3.15.7　微分参数调节记录表(比例和积分系数为默认参数:$P=45,I=125$)

微分参数	$D_1=$ ___(阶跃测试:OFF)	$D_2=$ ___(阶跃测试:ON)	$D_3=$ ___(阶跃测试:ON)
示波器传感器电压 U_s 实时追踪图片			
描述			

续表

微分参数	$D_4 = $ ____（阶跃测试：ON）	$D_5 = $ ____（阶跃测试：ON）	
示波器传感器电压 U_s 实时追踪图片			
描述			

(5)悬浮高度自动控制演示($\Phi=30$ mm/Q235 空心球)

通过改变电激励磁悬浮控制仪"悬浮调整"对应的设定电压 U_{set}，在稳定悬浮下，实现钢球到铁芯间距的自动调整。

自行设计实验操作步骤，实现钢球到传感器间距的自动调整。

【建议先将空心钢球在默认参数下，稳定悬浮在 750 mA 左右，然后在该位置附近，通过改变"悬浮调整"对应的设定电压(2.5～4.5 V)实现钢球到传感器间距的自动调整，此时根据悬浮情况可以微调 PID 参数。】

(6)异型物体悬浮演示

自行设计实验操作，实现钢环(Q235)、导磁螺钉的稳定悬浮。

五、思考题

①平衡时励磁电流 i 随间距 x 呈线性还是非线性的？是单调递增还是递减趋势？

②不同的悬浮钢球，最佳的 PID 参数是一致的吗？

③解释实验中导电率对涡流效果及灵敏度的影响。

附录
基本物理常量

附录表1　国际单位制

物理量名称	单位名称	单位符号		用其他SI单位表示式
		中文	国际	
基本单位 长度	米	米	m	—
质量	千克(公斤)	千克	kg	—
时间	秒	秒	s	—
电流	安[培]	安	A	—
热力学温度	开[尔文]	开	K	—
物质的量	摩[尔]	摩	mol	—
发光强度	坎[德拉]	坎	cd	—
导出单位 [平面]角	弧度	弧度	rad	—
立体角	球面度	球面度	sr	—
频率	赫[兹]	赫	Hz	s^{-1}
力	牛[顿]	牛	N	$kg \cdot m/s^2$
压力、压强、应力	帕[斯卡]	帕	Pa	N/m^2
能[量]、功、热量	焦[耳]	焦	J	$N \cdot m$
功率、辐[射能]通量	瓦[特]	瓦	W	J/s
电荷[量]	库[仑]	库	C	$A \cdot s$
电压、电动势、电位(电势)	伏[特]	伏	V	W/A
电容	法[拉]	法	F	C/V
电阻	欧[姆]	欧	Ω	V/A
电导	西[门子]	西	S	$Ω^{-1}$
磁通[量]	韦[伯]	韦	Wb	$V \cdot s$
磁通[量]密度、磁感应强度	特[斯拉]	特	T	Wb/m^2

续表

	物理量名称	单位名称	单位符号		用其他 SI 单位表示式
			中文	国际	
导出单位	电感	亨[利]	亨	H	Wb/A
	摄氏温度	摄氏度	摄氏度	℃	K
	光通量	流[明]	流	lm	cd·sr
	[光]照度	勒[克斯]	勒	lx	lm/m²

附录表 2   基本物理常量表（CODATA 2006 年推荐值）

量	符 号	数 值	单 位	相对不确定度/10^{-8}
真空中光速	c	299 792 458	m/s	（精确）
真空磁导率	μ_0	$4\pi\times10^{-7}$	N/A²	（精确）
真空电容率	ε_0	$1/\mu_0 C$ $= 8.854\ 187\ 817\cdots$	10^{-12} F/m	（精确）
牛顿引力常量	G	6.674 28(67)	10^{-11} m³/(kg·s²)	10 000
普朗克常数	h	6.626 068 96(33) 4.135 667 33(10)	10^{-34} J·s 10^{-15} eV·s	5.0 2.5
基本电荷	e	1.602 176 487(40)	10^{-19} C	2.5
电子质量	m_e	0.910 938 215(54)	10^{-30} kg	5.0
电子比荷	$-e/m_e$	−1.758 820 150(44)	10^{11} C/kg	2.5
质子质量	m_p	1.672 621 637(83)	10^{-27} kg	5.0
里德伯常量	R_∞	10 973 731.568 527(73)	m^{-1}	0.000 66
精细结构常数	a	7.297 352 537 6(50)	10^{-3}	0.068
阿伏伽德罗常量	N_A, L	6.022 141 79(30)	10^{23} mol⁻¹	5.0
摩尔气体常量	R	8.314 472(15)	J/(mol·K)	170
玻耳兹曼常量	k	1.380 650 4(24)	10^{-23} J/K	170

注:括号内的数字是给定值最后几位数字中的一个标准偏差的不确定度。

附录表3　20 ℃时常见固体和液体的密度

物　质	密　度 $\rho/(\text{kg} \cdot \text{m}^{-3})$	物　质	密　度 $\rho/(\text{kg} \cdot \text{m}^{-3})$
铝	2 698.9	窗玻璃	2 400 ~ 2 700
铜	8 960	冰(0 ℃)	800 ~ 920
铁	7 874	石蜡	792
银	10 500	有机玻璃	1 200 ~ 1 500
金	19 320	甲醇	792
钨	19 300	乙醇	789.4
铂	21 450	乙醚	714
铅	11 350	汽油	710 ~ 720
锡	7 298	弗利昂-12	1 329
水银	13 546.2	变压器油	840 ~ 890
钢	7 600 ~ 7 900	甘油	1 260
石英	2 500 ~ 2 800	食盐	2 140
水晶玻璃	2 900 ~ 3 000		

附录表4　标准大气压下不同温度的纯水密度

温　度 $t/℃$	密　度 $\rho/(\text{kg} \cdot \text{m}^{-3})$	温　度 $t/℃$	密　度 $\rho/(\text{kg} \cdot \text{m}^{-3})$	温　度 $t/℃$	密　度 $\rho/(\text{kg} \cdot \text{m}^{-3})$
0	999.841	17.0	998.774	34.0	994.371
1.0	999.900	18.0	998.595	35.0	994.031
2.0	999.941	19.0	998.405	36.0	993.68
3.0	999.965	20.0	998.203	37.0	993.33
4.0	999.973	21.0	997.992	38.0	992.96
5.0	999.965	22.0	997.770	39.0	992.59
6.0	999.941	23.0	997.538	40.0	992.21
7.0	999.902	24.0	997.296	41.0	991.83
8.0	999.849	25.0	997.044	42.0	991.44
9.0	999.781	26.0	996.783	50.0	998.04
10.0	999.700	27.0	996.512	60.0	983.21

续表

温 度 t/℃	密 度 $\rho/(kg \cdot m^{-3})$	温 度 t/℃	密 度 $\rho/(kg \cdot m^{-3})$	温 度 t/℃	密 度 $\rho/(kg \cdot m^{-3})$
11.0	999.605	28.0	996.232	70.0	977.78
12.0	999.498	29.0	995.944	80.0	975.31
13.0	999.377	30.0	995.646	90.0	965.31
14.0	999.244	31.0	995.340	100.0	958.35
15.0	999.099	32.0	995.025		
16.0	999.943	33.0	994.702		

附录表5　在海平面上不同纬度处的重力加速度

纬度 $\phi/(°)$	$g/(m \cdot s^{-2})$	纬度 $\phi/(°)$	$g/(m \cdot s^{-2})$
0	9.784 9	50	9.810 79
5	9.780 88	55	9.815 15
10	9.782 04	60	9.819 24
15	9.783 94	65	9.822 49
20	9.786 52	70	9.826 14
25	9.789 69	75	9.828 73
30	9.793 38	80	9.830 65
35	9.797 40	85	9.831 82
40	9.808 18	90	9.832 21

注:表中列出数值根据公式:$g=9.780\ 49 \times (1+0.005\ 288\sin^2\phi - 0.000\ 006\sin^2\phi)$,式中 ϕ 为纬度。

附录表6　在20 ℃时部分金属的杨氏弹性模量

金属名称	杨氏模量 E	
	GPa	$\times 10^2\ kg \cdot mm^{-2}$
铝	69～70	70～71
钨	407	415
铁	186～206	190～210
铜	103～127	105～130

续表

金属名称	杨氏模量 E	
	GPa	$\times 10^2$ kg · mm^{-2}
金	77	79
银	69~80	70~82
锌	78	80
镍	203	205
铬	235~245	240~250
合金钢	206~216	210~220
碳钢	169~206	200~210
康钢	160	163

注:杨氏弹性模量值尚与材料结构、化学成分、加工方法关系密切,实际材料可能与表列数值不尽相同。

附录表7　水的饱和蒸汽压与温度的关系　　　　　　　单位:Pa/mmHg

温度/℃	0.0	1.0	2.0	3.0	4.0	5.0	6.0	7.0	8.0	9.0
-10.0	260.8 (1.956)	238.6 (1.790)	218.1 (1.636)	199.3 (1.495)	182.0 (1.365)	166.0 (1.246)	151.4 (1.136)	138.0 (1.035)	125.6 (0.942)	114.2 (0.857)
-0.0	610.7 (4.581)	562.6 (4.220)	517.8 (3.884)	476.4 (3.573)	438.0 (3.285)	402.4 (3.018)	369.4 (3.771)	338.9 (2.542)	310.8 (2.331)	284.8 (2.136)
0.0	610.7 (4.581)	656.6 (4.925)	705.5 (5.292)	757.7 (5.683)	813.1 (6.099)	872.2 (6.542)	934.8 (7.012)	1 061.6 (7.513)	1 072.6 (8.045)	1 147.8 (8.609)
10.0	1 227.8 (9.209)	1 312.04 (9.844)	1 402.3 (10.518)	1 497.3 (11.231)	1 598.3 (11.988)	1 704.9 (12.788)	1 817.8 (13.635)	1 937.3 (14.531)	2 063.6 (15.478)	2 196.9 (16.478)
20.0	2 337.8 (17.535)	2 486.6 (18.651)	2 643.5 (19.828)	2 809.1 (21.070)	2 983.6 (22.379)	3 167.6 (23.759)	3 361.6 (25.212)	3 565.3 (26.742)	3 779.9 (28.352)	4 005.8 (30.046)
30.0	4 243.2 (31.827)	4 493.0 (33.700)	4 755.3 (35.668)	5 030.9 (37.735)	5 380.1 (39.904)	5 623.6 (42.181)	5 942.2 (44.570)	6 276.1 (47.075)	6 626.1 (49.701)	6 993.1 (52.453)
40.0	7 377.4 (55.335)	7 778.7 (58.354)	8 201.0 (61.513)	8 641.8 (64.819)	9 102.8 (64.819)	10 087 (68.277)	10 615 (71.892)	10 615 (79.619)	11 165 (83.744)	11 739 (88.050)

附录表 8　蓖麻油的黏度和温度的关系

温度/℃	$\eta/(10^{-3}\text{Pa}\cdot\text{s}^{-1})$
0	5 300
5	3 760
10	2 420
15	1 514
20	986
25	621
30	451
35	312
40	231
100	169

附录表 9　不同温度下与空气接触的水的表面张力

温度/℃	$\gamma/(\times10^{-3}\text{N}\cdot\text{m}^{-1})$	温度/℃	$\gamma/(\times10^{-3}\text{N}\cdot\text{m}^{-1})$	温度/℃	$\gamma/(\times10^{-3}\text{N}\cdot\text{m}^{-1})$
0	75.62	16	73.34	30	71.15
5	74.90	17	73.20	40	69.55
6	74.76	18	73.05	50	67.90
8	74.48	19	72.89	60	66.17
10	74.20	20	72.75	70	64.41
11	74.07	21	72.60	80	62.60
12	73.92	22	72.44	90	60.74
13	73.78	23	72.28	100	58.84
14	73.64	24	72.12		
15	73.48	25	71.96		

附录表 10 不同湿度时干燥空气中的声速　　　　　　单位:m·s⁻¹

温度/℃	0	1	2	3	4	5	6	7	8	9
60	366.05	366.60	367.14	367.69	368.24	368.78	369.33	369.87	370.42	370.42
50	360.51	361.07	361.62	362.18	362.74	363.29	363.84	364.39	364.95	364.95
40	354.89	355.46	356.02	356.58	357.15	357.71	358.27	358.83	359.39	359.95
30	349.18	349.75	350.33	350.90	351.47	352.04	352.62	353.19	353.75	354.32
20	343.37	343.95	344.54	345.12	345.70	346.29	346.87	347.74	348.02	348.60
10	337.46	338.06	338.65	339.25	339.94	340.43	341.02	341.61	342.20	342.78
0	331.45	332.06	332.66	333.27	333.87	334.47	335.57	335.67	336.27	332.87
−10	325.33	324.71	324.09	323.47	322.84	322.22	321.60	320.97	320.34	319.72
−20	319.09	318.45	317.82	317.19	316.55	315.92	315.28	314.64	314.00	313.36
−30	312.72	311.43	311.43	310.78	310.14	309.49	308.84	308.19	307.53	306.88
−40	306.22	304.91	304.91	304.25	303.58	302.92	302.26	301.59	300.92	300.25
−50	299.58	298.91	298.24	297.65	296.89	296.21	295.53	294.85	294.16	293.48
−60	292.79	292.11	291.42	290.73	290.03	289.34	288.64	287.95	287.25	286.55
−70	285.54	285.14	284.43	283.73	283.02	282.30	281.59	280.88	280.16	279.44
−80	278.72	278.00	277.27	276.55	275.82	275.09	274.36	273.62	272.89	272.15
−90	271.41	270.67	269.92	269.18	268.43	267.68	266.93	266.17	265.42	264.66

附录表 11　相对湿度查对表

干湿差度

湿表温度	1.0	1.5	2.0	2.5	3.0	3.5	4.0	5.0	6.0	7.0
30	93	89	86	83	79	76	73	67	61	55
	93	89	86	82	79	76	72	66	60	54
	93	89	86	82	79	75	72	65	59	53
	93	89	85	81	78	75	71	65	59	53
25	92	88	85	81	78	74	71	64	58	51
	92	88	85	81	77	74	70	63	57	51
	92	88	84	80	77	73	70	62	56	49
	92	88	84	80	76	72	69	62	55	48
	92	88	83	80	75	72	68	61	54	47
20	91	87	83	79	75	71	67	60	52	45
	91	87	83	78	74	70	66	59	51	44
	91	86	82	78	74	70	65	58	50	43
	91	86	82	77	73	69	65	56	49	41
	90	86	81	77	72	68	63	55	47	39
15	90	85	81	76	71	67	62	54	48	37
	90	85	80	75	71	66	61	53	44	35
	90	84	79	74	70	65	60	51	42	33
	89	84	79	74	69	64	59	49	40	31
	89	83	78	73	68	62	57	48	38	29
	88	83	77	72	66	61	56	46	36	26
10	88	82	77	71	65	60	55	44	34	24
	88	82	76	70	64	58	53	42	31	21
	87	81	75	69	62	57	71	40	29	18
	87	80	75	67	61	55	49	37	26	14
	86	79	73	66	60	53	47	35	23	
5	86	79	72	65	58	51	45	32	19	
	85	78	70	63	56	49	42	29		
	84	77	68	62	54	47	40	25		
	84	76	68	60	52	45	37	22		
	83	75	66	58	50	42	34	18		
0	82	73	64	56	47	39	31			

例:干温度 20 ℃,湿温度 17 ℃,它们相差 3 ℃,查上表干湿差度 3 的数往下对准湿度 17 ℃,交叉数可读出 72%。

参考文献

[1] 唐贵平,何兴,范志强.大学物理实验[M].北京:科学出版社,2016.

[2] 刘汉臣.大学物理实验[M].上海:同济大学出版社,2015.

[3] 李正大.大学物理实验[M].上海:同济大学出版社,2017.

[4] 周惟公.大学物理实验[M].北京:高等教育出版社,2009.

[5] 丁慎训,张连芳.物理实验教程[M].2版.北京:清华大学出版社,2002.

[6] 张映辉.大学物理实验[M].2版.北京:机械工业出版社,2017.

[7] 王银峰,陶纯匡,汪涛,等.大学物理实验[M].北京:机械工业出版社,2005.

[8] 路峻岭.物理演示实验教程[M].北京:清华大学出版社,2005.

[9] 哈里德,瑞斯尼克,沃克.物理学基础[M].6版.张三慧,李椿,等译.北京:机械工业出版社,2005.

[10] 马文蔚,周雨青,解希顺.物理学[M].7版.北京:高等教育出版社,2020.

[11] 李平.大学物理实验教程[M].2版.北京:机械工业出版社,2006.

[12] 吴锋,王若田.大学物理实验教程[M].北京:化学工业出版社,2003.

[13] 高铁军,朱俊孔.近代物理实验[M].济南:山东大学出版社,2000.

[14] 刘列,杨建坤,卓尚攸,等.近代物理实验[M].长沙:国防科技大学出版社,2000.

[15] 谢中,黄建刚.大学物理实验[M].长沙:湖南大学出版社,2008.

[16] 何元金,马兴坤.近代物理实验[M].北京:清华大学出版社,2003.